BusinessVillage

Pritu Detemple

Neues Denken im Vertrieb

B2B: Verkaufen von Mensch zu Mensch

BusinessVillage

Pritu Detemple
Neues Denken im Vertrieb
B2B: Verkaufen von Mensch zu Mensch
1. Auflage 2021

Bestellnummern
ISBN 978-3-86980-608-2 (Druckausgabe)
ISBN 978-3-86980-609-9 (E-Book, PDF)
ISBN 978-3-86980-610-5 (E-Book, EPUB)
Direktbezug unter www.BusinessVillage.de/bl/1124

Bezugs- und Verlagsanschrift
BusinessVillage GmbH
Reinhäuser Landstraße 22
37083 Göttingen
Telefon: +49 (0)5 51 20 99-1 00
Fax: +49 (0)5 51 20 99-1 05
E-Mail: info@businessvillage.de
Web: www.businessvillage.de

Lektorat
Matthias Lehr, Karlsruhe

Layout und Satz
Sabine Kempke

Illustrationen
Matthias Lehr, Melissa Husmann

Autorenfoto
Melissa Husmann

Druck und Bindung
www.booksfactory.de

Inhalt

Über den Autor

Pritu Detemple ist studierter Philosoph. Mit seiner Firma GO FOR SALES Vertriebsentwicklung unterstützt er Unternehmen beim Aufbau skalierbarer, agiler und zukunftssicherer Vertriebseinheiten. Sein Fokus liegt auf dem Einsatz von Vertriebsteams statt von einzelnen Starverkäufern und der Entwicklung der passenden Kommunikationsstrategie. Dadurch, dass das Individuum und dessen Bedürfnisse im Zentrum dieser Herangehensweise stehen, vertritt er nichts weniger als einen neuen humanistischen Ansatz für einen Vertrieb von Mensch zu Mensch.

Kontakt

E-Mail: p.detemple@go-for-sales.com

Web: www.go-for-sales.com

Gendering

Männliche und weibliche Ansprache werden abgewechselt. Wo dies nicht möglich ist, wird das Geschlecht durch »:« getrennt.

Vorwort

Ich freue mich, dass Sie sich für das Thema Vertrieb interessieren. Denn dadurch haben wir bereits eine Gemeinsamkeit und das ist doch eine wichtige Grundlage für eine gute Beziehung, finden Sie nicht? Neben meiner Familie und meinen Freunden ist es der Vertrieb, der mein Herz höherschlagen lässt. Ich brenne für dieses Thema und möchte in diesem Buch den Funken auch auf Sie überspringen lassen. Es wird Ihnen zeigen, wie spannend moderner Vertrieb sein kann und wie diese Tätigkeit durch interdisziplinäres Wissen und aufgeschlossenes Denken heute bereichert wird. Ich will Ihnen außerdem demonstrieren, dass die richtige Haltung und ein paar grundlegende Fähigkeiten manchmal hilfreicher sind als spezielle Methoden, und dass es einige Prinzipien gibt, die sich als sehr nützlich erweisen, wenn man im Vertrieb erfolgreich sein will.

Besonders liegt mir am Herzen, dass wir uns vom überkommenen Klischeebild des männlichen, aalglatten und unnahbaren Starverkäufers in Anzug und Krawatte, der als Einzelgänger die gesamte Vertriebsabteilung dominiert, verabschieden. Vertrieb mag auch heute noch von jedem Einzelnen als herausfordernd empfunden werden, doch die Zukunft gehört den Vertriebsteams, in denen mehrere Akteure am gemeinsamen Verkaufserfolg arbeiten. Insbesondere in den Bereichen erklärungsbedürftiger Produkte und dem Verkauf von Leistungen an Geschäftskunden (Business-to-Business-Vertrieb) ist der Teamverkauf das Erfolg versprechende Verkaufsmodell. Genau darum geht es in diesem Buch.

Meine Erfahrungen, die ich den verschiedensten Menschen verdanke, mit denen und für die ich gearbeitet habe, und die Erkenntnisse, die ich daraus gewinnen konnte, mögen nicht immer gängigen Lehren entsprechen, und vielleicht widersprechen sie in manchen Punkten auch dem, was Sie erfahren haben oder wissen. Ich bin aber sicher, dass für Sie gerade aus diesem Grunde das vorliegende Buch eine Quelle der Inspiration sein und Sie anregen wird, Ihre eigenen Wege, Methoden und Lösungsansätze zu finden und auszuprobieren. Aus ebendieser Erfahrung kann ich sagen: Neue Ansätze, alternative Methoden und eine neue Art zu denken resultieren häufig aus der Fähigkeit, die Dinge aus anderen Perspektiven zu betrachten und über den Tellerrand hinauszuschauen. Genau das wollen wir für ein neues Denken im Vertrieb gemeinsam tun.

In diesem Sinne werde ich Ihnen auch keine todsichere Methode für mehr Umsatz im Vertrieb vermitteln, sondern einen Ansatz vorstellen, der sich durchaus etablierter Herangehensweisen bedient, diese aber für bessere Ergebnisse erweitert; der sich Prinzipien aus verschiedenen anderen Disziplinen nutzbar macht, diese aber in neuem Kontext betrachtet; und der schließlich auch Neues hinzunimmt, das aus dem Erfahrungsschatz meiner praktischen Arbeit stammt. Mein Ziel ist es, Ihren Blick auf den Vertrieb zu schärfen und Ihr Denken über den eigenen Vertrieb auf ein neues Fundament zu stellen.

Bereits erste studentische Nebenjobs haben mich mit dem operativen Geschäft des Vertriebs in Berührung gebracht und so habe ich schnell Gefallen am Verkaufen gefunden. Ich arbeitete parallel zum Studium im Endkundengeschäft (B2C) eines der größten deutschen Telekommunikationsanbieter. Hört sich wichtig an, oder? Man könnte natürlich auch sagen, ich habe Handys, Handyverträge und Handyzubehör an die Bewohner eines kleinen Studentenstädtchens verkauft. Schon damals machte ich die Beobachtung: So einfach die Produkte teilweise waren, so komplex musste die Gesprächsführung sein, wollte man erfolgreich sein. Mich überraschte überdies sehr angenehm, dass die philosophische und sprachliche Ausbildung, die mir im Studium zuteilwurde, direkt im Verkauf anwendbar war. Auch meine nächsten beruflichen Stationen in der Marktforschung, Personaldienstleistung und im Verkauf komplexer IT-Produkte waren in hohem Maße von kommunikativen, humanistischen und philosophischen Herangehensweisen geprägt.

Ich bilde mir ein, dass sich durch meinen untypischen Zugang zum Vertrieb für die Mehrheit meines Umfeldes, meist waren es Betriebswirtschaftler, neue Wege im Kundenumgang ergeben haben. Und ich bin sehr dankbar für diese Zeit. Denn von meinen betriebswirtschaftlich orientierten Kollegen habe ich einen auch immer notwendigen kaufmännischen Blick und grundlegende kaufmännische Fähigkeiten übernommen.

Als Führungskraft lernte ich allerdings auch schnell die Grenzen des klassischen Vertriebs kennen. Diese definieren sich meines Erachtens gar nicht einmal so sehr durch die Personen, Aufträge oder Geschäftschancen. Vielmehr finden sie sich meist in der Struktur der Vertriebsabteilungen. In einem klassisch hierarchisch organisierten Unternehmen, in dem ich die übliche Abteilungsstruktur, das gängige Machtgefälle und großen Konservatismus vorfand, war es eine Herausforderung, ein erfolgreiches Team aufzubauen. Allerdings war ich nun im B2B-Bereich untergebracht und zudem mit dem wunderbaren Privileg ausgestattet, die Vertriebsabteilung nach meinen Vorstellungen gestalten und formen zu dürfen. Nachdem ich eine Weile beobachtet hatte, wie die Dinge hier (nicht) funktionierten, machte ich mir Gedanken darüber, was man verbessern könnte. Mit ein paar wirklich tollen Mitarbeitern sammelten wir also Ideen und Konzepte, strukturierten die Abteilung neu und änderten die Methoden – und vervielfachten den Umsatz des Unternehmens innerhalb des nächsten Jahres. Ich sage das nicht, um zu prahlen, sondern weil es aus einem ganz anderen Grund bemerkenswert ist: Der Erfolg lag weniger an betriebswirtschaftlichen oder technischen Fachkenntnissen oder besonderen Verkaufstechniken, sondern vielmehr daran, dass wir als ein Team agierten. Wir trauten uns, die Dinge mit einem frischen Blick zu sehen und Altes aus neuen Perspektiven zu betrachten. Wir waren motiviert und wollten über den bloßen Umsatz hinaus Großes erreichen. Städtewachstum, verbesserte Konnektivität und Zugang zu Bildung waren die Erfolgsindikatoren, die wir als maßgeblich für unsere Arbeit betrachteten. Wir haben gemeinsam überlegt, unsere Erfahrungen ausgetauscht, neue Konzepte entwickelt, pragmatisch entschieden. Hierarchien waren nicht mehr wichtig. Es war egal, wer dienstälter war oder gar in der Unternehmenshierarchie höherstand. Für jeden und jede zählte ausschließlich, dass er oder sie sich im selben Maße einbringen konnte wie alle anderen.

Heute habe ich eigene Unternehmen, doch die Prinzipien im Miteinander von damals habe ich beibehalten. Einiges von dem, was in jener Zeit entstanden ist, bildet mit vielem danach neu Hinzugekommenen heute die Grundlage der Methoden, mit denen meine Teams und ich arbeiten. Im Zentrum steht dabei die Erkenntnis, dass es sich bei vertrieblichen Prozessen im B2B-Bereich immer um die Kommunikation zwischen Menschen handelt. Es geht auch und gerade im Umgang mit Geschäftskunden um mehr als den Tausch von Leistungen gegen Geld. Daraus resultiert unter anderem, dass für die Prozesse im Business-to-Business-Verkauf eben die menschlichen Aspekte ausschlaggebend sind. Bevor wir uns also den einzelnen Schritten des Vertriebsprozesses widmen, den wir in die vier großen Teile Target, Explore, Anticipate und Move gliedern, befassen wir uns deshalb mit den Sichtweisen, Eigenschaften, Haltungen und Fähigkeiten von Mitarbeitern und Mitarbeiterinnen im Vertrieb.

Vieles von dem, was Sie hier lesen, ist in der gemeinsamen Arbeit mit anderen, vor allem mit meinem Team bei GO FOR SALES, entstanden und in der täglichen Arbeit verbessert und verfeinert worden. So sind viele Gedanken in diesem Buch zwar von mir zu Papier gebracht worden, aber sie sind in hohem Maße auch das Ergebnis einer Teamleistung. Wenn Menschen spüren können, dass sie wertvoll sind und ihre Talente und Fähigkeiten benötigt werden, dann fangen sie an, sich einzubringen, und es entsteht eine wunderbare produktive Unruhe.

Unter solchen Bedingungen lässt sich insbesondere im Vertrieb fast alles erreichen und ich bin diesen wunderbaren, talentierten und fähigen Menschen sehr zu Dank verpflichtet. Vielleicht arbeiten Sie in einem ähnlichen Team? Vielleicht haben Sie auch einfach das Gefühl, in Ihre Vertriebsabteilung müsste etwas frischer Wind gebracht werden? Aus welchen Gründen auch immer Sie dieses Buch lesen, ich wünsche mir, dass es Sie bereichern wird und Sie Anregungen finden, eigene vertriebliche Ideen und Denkweisen zu entwickeln, um Ihren Vertrieb voranzutreiben.

1.
Die unterschätzte Rolle des eigenen Mindsets

Ratgeber und Fachbücher zum Thema Verkaufen und Vertrieb drehen sich um Kniffe, Tipps und Tricks, die es jedermann und jederfrau ermöglichen sollen, zum erfolgreichen und umsatzbringenden Sales Profi zu werden. Das unrealistische Versprechen lautet, dass man, wenn man genau die im Buch enthaltenen »Zehn Schritte zum Erfolg« befolgt, zum Umsatzbooster mutiert. Wer wird da als neugieriger Leser widerstehen? Nur zehn Schritte bis zum großen Glück. Das klingt verlockend.

Herzlichen Glückwunsch, sage ich dazu. Nicht an Sie, sondern an den Buchautoren, er hat Ihnen gerade erfolgreich seinen Ratgeber verkauft. Sie bekommen mein Mitgefühl für einen Fehlkauf. Denn das wird so nicht funktionieren. Keine Anleitung, kein Patentrezept wird die gewünschte Wirkung des Verkaufserfolgs bringen, wenn Sie nicht die geeignete Einstellung zum Thema Verkaufen haben, wenn Ihre Haltung gegenüber der potenziellen Kundin eine unangemessene ist und wenn vielleicht sogar persönliche Glaubenssätze und Denkweisen Sie daran hindern, erfolgreich zu verkaufen.

Für all diese deutschen Begriffe – Einstellung, Haltung, Denkweise – steht der englische Ausdruck Mindset. Er bezeichnet eine Sammlung von Glaubenssätzen, Überzeugungen, Denk- und Handlungsweisen. Ihr Mindset besteht aus Ihrem Wissen, Grundannahmen und Vorerfahrungen zu einem bestimmten Themenbereich. Er ist ein Teil von Ihnen und legt weitgehend fest, wie Sie auf bestimmte Situationen reagieren. Zum Beispiel auf eine Niederlage: Wenn Menschen an etwas scheitern, gehen sie mit dieser Situation ganz unterschiedlich um. Für die einen ist es ein Grund, die Flinte ins Korn zu werfen und aufzugeben. Diese Menschen glauben häufig, bestimmte Fähigkeiten seien angeboren, und führen ihr Scheitern so auf ihre vermeintlich mangelnde Begabung zurück. Andere Menschen reagieren in genau derselben Situation aber völlig anders. Für sie ist das Scheitern eine Chance, sich weiterzuentwickeln, als Person daran zu wachsen, es vielleicht beim nächsten Mal auf eine andere Art zu versuchen. Diese Menschen sind häufiger davon überzeugt, dass sich mit genügend Einsatz nahezu alles erreichen lasse. Und meist erreichen sie so tatsächlich ihre Ziele und sind im Allgemeinen auch oft erfolgreicher. Dieselbe Situation und zwei ganz unterschiedliche Arten, darauf zu reagieren und damit umzugehen – warum? Etwas vereinfacht gesagt: Allein aufgrund der eigenen Überzeugung, der eigenen Glaubenssätze und der inneren Einstellung gegenüber einem Thema. Kurz: allein wegen des Mindsets.

In den folgenden Kapiteln werden wir sehen, wie wichtig das eigene Mindset auch im Vertrieb ist. Fangen wir damit an, uns zu fragen, warum nach wie vor viele Menschen eine ablehnende Haltung dem Vertrieb gegenüber an den Tag legen und warum das Verkaufen auch heute noch ein großes Imageproblem hat.

1.1 Der Wandel des Vertriebs im Lauf der Zeit

Fragt man Gesprächspartner danach, was sie unter Vertrieb und Verkauf verstehen oder, besser noch, welches das in ihrer Vorstellung verankerte Bild des Verkäufers ist, bekommt man als Antwort nicht selten das wunderbare Klischee des Staubsaugervertreters oder des klassischen Strukturvertrieblers für besonders gut beschichtete Bratpfannen genannt. Dieser präsentiert sein Produkt meistens recht marktschreierisch, überredet seine potenziellen Käufer manchmal mit einer choreografierten Show, oft mit perfiden Verkaufstricks und immer mit viel Druck zum Kauf. Obwohl dieser Typus heute sozusagen vom Aussterben bedroht ist, hält sich dieses Klischeebild in den Köpfen vieler Menschen hartnäckig. Selbst viele Verkäufer fühlen sich teilweise nicht wohl mit dem, was sie tun. Sie befürchten, ihre Kunden zu belästigen, ihnen etwas aufzudrängen oder selbst als der ungeliebte Typus »Staubsaugervertreter« wahrgenommen zu werden. Die Vermeidungstaktik geht manchmal so weit, dass manche Unternehmen unter Vertrieb lediglich das Warten auf Kunden und das Annehmen von Kundenaufträgen verstehen, die sie dann abwickeln können, ohne im Vorfeld selbst – etwa in der Akquise – aktiv geworden zu sein.

Woher kommt dieses Bild und ist es noch zeitgemäß? Um diesen Fragen auf den Grund zu gehen und als eine Anregung, zu einer anderen Sichtweise zu kommen, nehme ich eine kleine, gewissermaßen historisch angelegte Typologie des Vertriebs vor. Ich demonstriere Ihnen, wie verschiedene Vertriebsstile sich im gesellschaftlichen Kontext entwickelt haben und wodurch sie sich auszeichnen. Sie werden sich beim Lesen bestimmt an Situationen erinnern, in denen Sie den einen oder anderen Vertriebsstil selbst als Kunde wahrgenommen haben.

Der manipulative Vertrieb

Wie bekommt man etwas von jemandem, ohne selbst etwas im Austausch dafür anbieten zu müssen? Ganz einfach: Man nimmt es ihm weg.

Ganz so funktioniert das im Vertrieb natürlich nicht. Zumindest vernünftige Verkäufer wissen, dass die Kundin zu Recht erwartet, auch ein Produkt oder eine Leistung zu bekommen, wenn sie dafür bezahlt hat. Aber Spaß beiseite – ganz so abwegig ist das Beispiel gar nicht. Oft ist der Austausch von Produkt und Bezahlung alles andere als gleichwertig. Preisangebote beispielsweise funktionieren auf die Art, dass dem Käufer suggeriert wird, ein Schnäppchen zu machen und selbst im Vorteil zu sein, weil er vom Kauf mehr profitiert als der Verkäufer vom Verkauf.

Zu diesem Vertriebstypus gehören auch manipulative Verkaufstechniken oder Verkaufstricks wie das Entkräften von Einwänden des Kunden, das Umdrehen von Argumenten der Gesprächspartnerin, die künstliche Verknappung des Angebots und die Verkürzung der Kaufentscheidungszeit, sowie viele andere zwischenmenschliche und emotionale Taktiken und Techniken. Das Ziel dieses Stils ist es, möglichst schnell zum Verkaufsabschluss zu kommen. Eine weit untergeordnete Rolle spielen dabei die Qualität des Produkts und der wirkliche Bedarf des Kunden. Und ganz an hinterster Stelle kommt dessen langfristige Zufriedenheit. Mit dem Verkaufsabschluss ist in diesem System der Kontakt zwischen Käuferin und Verkäuferin auch schon beendet und der Verkaufsprozess abgeschlossen.

Auch wenn rhetorische, im schlechtesten Falle manipulative Gesprächs- und Verkaufstechniken bereits in den ersten beiden Nachkriegsjahrzehnten aufgekommen sind, so sind sie tatsächlich auch heute noch in Verwendung. Viele Callcenter und Simple-Sales-Vertriebler im B2C-Bereich, also Verkäufer von nichterklärungsbedürftigen Produkten, versuchen, mithilfe von vorgegebener geskripteter Argumentation potenzielle Kunden zum Kauf zu bewegen.

Das Stereotyp dieses Stils ist der Staubsaugervertreter oder der Handyverkäufer. Viele Klischees, die diesem Stil zugeordnet werden, sind leider nur allzu wahr. Aber bei allem Negativen, Unzeitgemäßen, das diesem Typus eigen ist, können wir auch etwas von ihm lernen: Die Beharrlichkeit und unnachgiebige Konstanz, die hier aufgebracht wird, der Wille, Hürden und Widerstände zu überwinden – das sind Eigenschaften, die richtig und moralisch eingesetzt auch im modernen Vertrieb nötig sind, wenn man erfolgreich verkaufen will. Selbstverständlich dann aber mit echtem Mehrwert und im Interesse des Kunden.

Der lösungsorientierte Vertrieb

Natürlich merken die meisten Menschen irgendwann, dass sie manipuliert wurden. Das führt schnell dazu, dass ihr Vertrauen in die Verkäuferin und in den Vertrieb an sich schwindet. Damit sind sie als langfristige Kunden für den Verkäufer verloren. Der manipulative Vertrieb funktioniert also vor allem im B2C-Bereich, wo es um simple Produkte geht, die mit wenigen Berührungspunkten zwischen Käufer und Verkäufer verkauft werden können. Im Bereich erklärungsbedürftiger Produkte, meist im B2B-Umfeld, wurde schon früh in der Geschichte des Vertriebs klar, dass es komplexerer Methoden bedarf, um erfolgreich zu verkaufen. Also wurde ein Verkaufsstil erdacht, bei dem der Verkäufer nach dem Bedarf an bestimmten Produkten fragen sollte, statt den potenziellen Käufer mit Druck zu etwas zu überreden, das er vielleicht gar nicht wollte und erst recht nicht brauchte. Die Frage nach der sogenannten Bedarfsdeckung wurde allerdings auch bald schon wieder von der Bedarfsweckung abgelöst. Nun stand der Nutzen für den Kunden im Mittelpunkt. Vom Nutzen galt es den Kunden zu überzeugen. Auch diese Strategie wurde alsbald wieder von eher analytischen Methoden abgelöst oder zumindest durch sie ergänzt. Diese waren geprägt von Marktforschung, empirischen Datenerhebungen, Beratung und schließlich lösungsorientiertem Verkaufen. Der Verkäufer war nun auch zum Berater geworden.

Kluge Fragen zu stellen und herauszufinden, was die Kundin will, ist noch heute der am häufigsten gelehrte Ansatz von Vertriebsberatungen, obwohl diese Techniken schon ungefähr vierzig Jahre alt sind. Das zeigt zum einen, dass diese wichtigen Verkaufstechniken in der Breite noch immer nicht etabliert sind. Zum anderen sieht man daran, wie die verschiedenen Stile im Verkauf zwar nacheinander entstanden sind, dass sie aber bis heute allesamt noch nebeneinander verwendet werden.

Der quantitative Vertrieb

Mit der Jahrtausendwende hielten neue technologische Möglichkeiten Einzug im Vertrieb. Durch CRM-Systeme (Customer-Relationship-Management) wurde der Vertrieb strukturierter, das Verkaufen systematischer. Gleichzeitig sorgte das Internet für neue Absatzwege und auf Kundenseite für eine höhere Informiertheit, was so manchem Berater das Leben schwer machte – wusste die Kundin doch unter Umständen jetzt besser Bescheid als er selbst.

Neben den augenscheinlichen Vorteilen des digitalen Vertriebs – der einfachen Messbarkeit von Vertriebszahlen oder der hohen Skalierbarkeit beispielsweise im Onlinevertrieb – bringt der quantitative Vertrieb auch Nachteile mit sich. So verschiebt sich die Gewichtung in der Kommunikation zwischen Käufer und Verkäufer vom direkten, meist telefonischen Kontakt hin zu indirekten Methoden, die das geschriebene Wort bevorzugen. E-Mails, Onlinemarketing, Social Media: Alles textlastige Medien, die zwar schnell, messbar und skalierbar sind, in denen aber allesamt der direkte, persönliche, verbale Kontakt zwischen Menschen fehlt. Der Aufbau von Vertrauen und einer gesunden, dauerhaften Kundenbeziehung wird so massiv erschwert. Der Ansatz, nach dem wirklichen Bedarf und Nutzen auf Kundenseite zu fragen, tritt zugunsten des alten Telling for Selling wieder in den Hintergrund: Anstatt Fragen zu stellen, wird ein vordefinierter Verkaufsmonolog gehalten. Dennoch lässt sich auch aus diesem Vertriebstypus etwas für den modernen, neuen Vertrieb lernen: Über die immense Menge an online zu erhebenden Daten kann ein breites Wissen über den Markt, die Zielgruppe und die Kundenbedürfnisse erworben werden. Das macht den eigenen Vertriebsprozess im besten Falle zielgerichteter und effizienter. Die langsamen, aber tatsächlich nur scheinbar ineffizienten persönlichen Kontakte können dadurch sogar bereichert werden. Denn mit dem richtigen Vorwissen – beispielsweise um Ihre Zielgruppe – können Sie von Anfang an selektiver vorgehen. Sie stellen sehr viel schneller den Kontakt zu potenziellen Kunden her, die dann auch mit sehr viel höherer Wahrscheinlichkeit an Ihrem Produkt oder Ihrer Dienstleistung interessiert sind und einen tatsächlichen Bedarf dafür haben. Aber dazu später mehr.

Der komplexe Vertrieb

Lassen Sie uns zunächst betrachten, wie wir die positiven Charakterzüge aller bisherigen Vertriebsstile im Typus des modernen, komplexen Vertriebs zusammenfassen können. Für mich zeichnet sich dieser vor allem durch die neu hinzukommende Eigenschaft der multilateralen, also mehrseitigen Beziehungen aus. Das heißt unter anderem: Gegenüber dem manipulierenden, ja sogar gegenüber dem beratenden und lösungsorientierten Stil ersetzt der moderne Vertrieb gerade im Bereich komplexer Produkte den Monolog des Verkäufers durch einen echten Dialog zwischen diesem und dem Kunden. Dabei bedient sich der moderne Vertrieb der guten Eigenschaften der vor ihm entstandenen Stile: Die Beharrlichkeit des Staubsaugervertreters, die klugen Fragen des Lösungsverkäufers und die Tools und Techniken des digitalen Vertriebs. Er kombiniert diese mit modernen Marketingkenntnissen und fügt eine letzte, überaus wichtige Zutat hinzu – die Fertigkeit des multilateralen Beziehungsaufbaus.

Es reicht heute nicht mehr, Kunden zu fragen, was sie wollen, und ihnen dann einfach nur zuzuhören. Das setzt voraus, dass die Kundinnen bereits Klarheit darüber gewonnen haben, was sie benötigen. In den Märkten der heutigen Zeit existieren oft so viele Lösungen für dieselben Probleme, dass niemand mehr entscheiden kann, welcher Lösungsweg eingeschlagen werden soll. Oftmals haben Kunden ihr Problem selbst noch nicht einmal wirklich erkannt. Aus diesem Grund sollten moderne Vertriebseinheiten die Kunden coachen und darin schulen, sich des eigenen Bedarfs bewusst zu werden und selbst herauszufinden, welche die beste Lösung für sie ist. Der Verkäufer wird so auch zum Berater, zum Freund und zum externen Business-Developer. Letzteres bedeutet, dass der Verkäufer fähig ist, eine Vertriebsstrategie beim und für den Kunden zu entwickeln und aufzubauen. Er ist in diesem Sinne ein Geschäftspartner, der ganz im Interesse des Kunden handelt und arbeitet.

Der neue Salesman, die neue Saleswoman, versteht sich also auf weitaus mehr, als nur die Lösung von Problemen. Er oder sie ist in der Lage, Probleme zu erkennen und zu benennen, die der Käufer selbst eventuell noch gar nicht erkannt hat. Anstatt ihm vielleicht eine vorgefertigte Lösung aufzudrängen, moderiert die moderne Verkäuferin den Erkenntnisprozess des Käufers. Das heißt, sie lässt ihn selbst sein eigenes Bedürfnis entdecken. Neuer Vertrieb ist also nicht mehr Pitch, nicht mehr Präsentation und erst recht nicht mehr Manipulation. Ein moderner Verkäufer und eine moderne Verkäuferin definiert die eigene Rolle eben nicht als jemand, der etwas verkauft, sondern eher als eine Moderatorin, Erkenntnisweckerin und Demonstratorin. Das klingt ganz schön komplex und überwältigend, oder? Die gute Nachricht: Die Zukunft des Vertriebs liegt in der Teamarbeit. Dadurch wird die Komplexität auf viele interdisziplinäre Schultern verteilt. Der gemeinsame Nenner dieses Teams ist das Wertesystem und Mindset, das man mit Vertrieb verbindet. Dahinter steht ein Menschenbild, das es dem Gegenüber ermöglichen will, selbst seine Entscheidungen zu treffen. Und meiner Erfahrung nach kann ein so verändertes Selbstbild vom Verkaufen definitiv unglaublich viel verändern.

Der neue Vertrieb

Wenn ich heute gefragt werde, was ich verkaufe, sage ich aus voller Überzeugung folgenden Satz:

»Ich verkaufe die Veränderung der Welt. Stückchenweise.«

Es ist nicht nur so, dass dieser Satz immer zu Nachfragen und damit zu Dialogen führt. Er gilt auch für jedes gute Produkt und jede Dienstleistung und er wird Ihnen immer mehr einleuchten, je weiter Sie in den Kapiteln dieses Buches voranschreiten.

Der neue Vertrieb baut darauf auf, eine positive Veränderung in den Einstellungen des Kunden herbeizuführen. In meinen Coachings erkläre ich den Teilnehmern zudem, dass sie unter Umständen auch ihr eigenes Mindset ändern müssen, wenn sie erfolgreich verkaufen wollen. Und schließlich führt die Einführung neuer Methoden und das Verankern neuer Mindsets zu einem Wandel nicht nur in der Welt des Vertriebs, sondern auch in der Welt ganz allgemein. Sie sehen also: Im neuen Vertrieb geht es ganz zentral um den Wandel von Einstellungen und um die Organisation dieses Wandels. Es geht um Mindset-Change und die nötigen Fähigkeiten, diesen Wandel herbeizuführen, also Changemanagement.

Ich hoffe, ich konnte Ihnen zeigen, wie ausschlaggebend Glaubenssätze und Einstellung beim Thema Verkaufen sind. Je nach persönlicher Erfahrung, Einstellung, Haltung, je nach Mindset also, werden Sie unter Vertrieb und Verkauf etwas anderes verstehen. Wenn Sie aber nach dem Lesen der obigen Punkte verstanden haben, woraus das schlechte Image des Vertriebs resultiert und dass es dafür heute gar keinen zwingenden Grund mehr gibt, wenn Sie der Meinung sind, dass es Zeit sei, alle Verkaufstypen außer dem modernen Vertrieb hinter sich zu lassen, dann haben Sie vielleicht bereits einen Mindset-Change an sich selbst erlebt und den ersten Schritt auf dem Weg zu einem neuen, erfolgreichen Verkaufen gemacht.

1.2 Verstehen, was Vertrieb wirklich ausmacht

Um im Vertrieb erfolgreich zu sein – eigentlich sogar, um wirklich Vertrieb zu machen –, sollte man zunächst wissen, was Vertrieb ist. Das mag trivial klingen, und wahrscheinlich wird jeder, der gefragt wird, was Vertrieb sei, die eine oder andere Antwort parat haben. Wir werden aber gleich sehen, dass es doch nicht ganz so einfach ist, die Disziplin »Vertrieb« zu definieren.

Worin unterscheiden sich Vertrieb und Marketing?

Viele Unternehmer und Angestellte kennen den Unterschied zwischen Vertrieb und Marketing überhaupt nicht. Zugegeben, auch ich habe zu diesem Personenkreis gehört. Wie viele Mitarbeiter im Vertrieb war ich überzeugt davon, dass ich vertreibe, aber tatsächlich betrieb ich reines Marketing. Ich machte den Fehler, dass ich anstelle von Sales-Techniken die Methoden des Marketings einsetzte und dadurch zunächst einmal im Verkauf scheiterte. Warum konnte mir dieser Fehler überhaupt unterlaufen? Ganz einfach: Ich kannte die Unterscheidung zwischen Vertrieb und Marketing nicht. Keine Quelle konnte mir schlüssig und endgültig darlegen, worin sich Sales vom Marketing unterscheidet oder abgrenzt.

All die Definitionen, die ich in BWL-Lehrbüchern und Lexika fand oder die mir von Beratern erläutert wurden, verwirrten mich nur noch mehr. Die Definitionen waren zu umfassend, zu kompliziert und für mich nicht praxisnah genug. Lassen Sie mich Ihnen ein Beispiel geben. Schauen wir uns etwa die Definition der Wikipedia für den Suchbegriff »Vertrieb« an: »Der Vertrieb ist eine betriebliche Funktion in Unternehmen, die Produkte oder Dienstleistungen für Kunden oder Endverbraucher verfügbar machen soll. Es handelt sich um das Element des Marketing-Mix, das in älteren Lehrbüchern als Distributionspolitik bezeichnet wurde. Nach aktuellem Marketingverständnis handelt es sich um Vertriebspolitik, bei der die Umsetzung der Vertriebsstrategie und die effiziente Gestaltung des Vertriebsprozesses im Vordergrund stehen.«

Aha! – Haben Sie jetzt eine Vorstellung davon, was Vertrieb ist oder was ein Mitarbeiter im Vertrieb genau tut? Also ich nicht. Und das ist noch eine sehr kurze, recht allgemeine Begriffsdefinition. Mit all den anderen hat sie aber gemeinsam, dass sie sehr wissenschaftlich klingt und dass man sie sicher gut dazu verwenden kann, beim Date mit dem BWL-Studenten etwas Eindruck zu schinden. Aber sie erklärt letztlich nicht, was Vertrieb eigentlich ist. Oder – etwas abgeschwächter formuliert, um beim akademisch vorgebildeten Leser nicht ganz in Ungnade zu fallen – es handelt sich zumindest nicht um eine pragmatische, also eine auf die Praxis des Vertriebs bezogene Definition.

Lassen Sie es uns also einfach einmal selbst versuchen! Beginnen wir mit einer Gemeinsamkeit. Einer, die oft für die Verwechslung oder Vermischung von Marketing und Vertrieb verantwortlich ist: das Verkaufen. Marketing und Vertrieb haben ein gemeinsames Ziel: Verkaufen. In beiden Disziplinen gibt es einen Verkaufsprozess, an dessen vorläufigem Ende das Closing, der Verkaufsabschluss steht. Das bedeutet jedoch nicht, dass diese beiden Prozesse austauschbar wären.

Dream-Team: Marketing weckt Bedürfnisse, Sales entdeckt sie

Der größte Unterschied zwischen Vertrieb und Marketing sind die unterschiedlichen Kommunikationsweisen, die unterschiedlichen Perspektiven oder der unterschiedliche Fokus. So richtet sich das Marketing oftmals mehr auf das Produkt, während sich der Vertrieb auf den Kunden konzentriert und direkt mit ihm oder ihr kommuniziert. Eine mit dem Kundenbedürfnis befasste, auf das Produkt fokussierte Marketingmaßnahme ist beispielsweise die Weckung von Bedürfnissen durch Werbung. Sie kommuniziert Vorteile eines Produkts, rückt dieses ins beste Licht und weckt Begehrlichkeiten durch die Vermittlung eines angestrebten Lebensgefühls – oder durch das Versprechen eines erwünschten gesellschaftlichen Status und der Identifikation mit einer sozialen Gruppe.

Das Entdecken von Bedürfnissen dagegen ist eine mit dem Kundenbedürfnis befasste Vertriebsmaßnahme. Sie richtet sich direkt an den Kunden und braucht die Bedürfnisweckung nicht, denn sie fragt nach einem wirklichen Mangel oder einem bestehenden Problem und deckt dadurch ein tatsächliches Bedürfnis auf, nicht nur ein vermeintliches oder selbst generiertes. Anstatt sich auf die generischen Vorteile eines Produkts zu konzentrieren, fragt sie danach, ob der Kunde einen individuellen Nutzen aus einem ganz bestimmten Produkt ziehen kann und welcher das ist. Der Kunde wird so darin unterstützt, seinen Bedarf selbst zu erkennen. Anstatt ihm also etwas zu verkaufen, lassen wir ihn eher einkaufen.

Demonstration versus Präsentation

Ein weiterer Unterschied zwischen der Sprache des Vertriebs und der Sprache des Marketings liegt in der Unmittelbarkeit und Anschaulichkeit der Kommunikationsmethoden. Im Vertrieb sollten demonstrierende Methoden vorherrschen, die sich individuell und unmittelbar mit dem Kunden befassen. Im Marketing dagegen werden eher präsentierende Methoden eingesetzt.

Ein kurzes Beispiel: Eine potenzielle Kundin steht in einem Autohaus vor dem Auto, für das sie sich offensichtlich interessiert. Ein Verkäufer begrüßt sie und drückt ihr eine teuer aufgemachte Broschüre in die Hand. Darin werden all die Features und Vorteile des Fahrzeugs aufgelistet. Tempomat serienmäßig, Kurvenlicht ohne Aufpreis dazu. Was, denken Sie, macht dieser Verkäufer, präsentieren oder demonstrieren?

Ein anderer Verkäufer kommt hinzu und hält nur einen Autoschlüssel in der Hand, mit dem er die Kundin zur Probefahrt einlädt. Sie wissen es natürlich schon: Das wird eine Demonstration.

Abbildung 1: Die Hauptunterschiede zwischen Marketing und Vertrieb.

Sagen versus Fragen

Während die Kundin nun also versucht, die Broschüre zu lesen, hält der erste Verkäufer ihr einen Vortrag über die Vorteile des Fahrzeugs und seiner Ausstattung. Wie die meisten von uns hat er es nicht anders gelernt: Kommunizieren bedeutet für uns meist, dass wir sprechen, zeigen, präsentieren, darstellen und erklären. Vor allem, wenn wir anderen etwas schmackhaft machen, also verkaufen wollen. Nicht umsonst wird die Kunst des Verkaufens auch oft mit der Kunst des Redens, der Rhetorik, assoziiert. Über Techniken des Sagens und Präsentierens wissen wir schon alleine aufgrund unserer Schulbildung mehr als über Fragetechniken. Referate, Vorträge, Powerpoint-Präsentationen, all das sind Sagetechniken. Techniken, die im Marketing mit seiner oft breiten Publikumsansprache auch sehr gut funktionieren. Im Vertrieb hingegen müssen wir lernen, Fragen zu stellen, das Szenario des Kunden nachzuvollziehen, nach Bedürfnissen und Problemen zu forschen und im Dialog zu klären, ob das Produkt überhaupt das passende für die Kundin ist. Hierzu sind erforschende, auf Ausprobieren basierende (explorative) Methoden und Fragetechniken sinnvoll, auf die ich in den weiteren Kapiteln noch näher eingehen werde.

Nach der Probefahrt fragt der zweite Verkäufer schließlich die Interessentin nach ihrem Eindruck und findet heraus, dass ihr das Auto zwar äußerlich wirklich gut gefallen hat, ihr ein zweisitziger Sportwagen aber doch irgendwie zu tief auf der Straße liegt und sie zudem sicher ist, dass ihr

Mann die Familieneinkäufe niemals in diesem kleinen Kofferraum unterbringen würde.

Masse versus Individuum

Anstelle einer abstrakten Definition haben wir nun eine auf die Praxis bezogene Abgrenzung zwischen Vertrieb und Marketing erarbeitet. Ich möchte noch einmal kurz zusammenfassen: Marketing richtet sich meist an ein breiteres Publikum und benötigt eine große Reichweite, um durch Werbung und Präsentationen ein Bedürfnis zu wecken und dieses schließlich zu befriedigen. Der Vertrauensaufbau im Marketing findet durch den Aufbau und die Kommunikation einer Marke statt.

Vertrieb hat einen mehr individuellen, analytischen und entdeckenden Charakter. Er ist bedürfnisorientiert und daran interessiert, mit dem Interessenten im Dialog zu interagieren. Vertrauen wird im Vertrieb durch individuelle Gespräche zwischen Personen aufgebaut und durch die Pflege guter Beziehungen erhalten. Das Wissen über diese Methoden sollte zum grundlegenden Sales-Mindset eines jeden guten Verkäufers gehören. Mehr zum Thema Beziehungsaufbau werden wir später, im Kapitel 5.1 noch besprechen.

1.3 Welche Arten des Vertriebs gibt es und welche sollten Sie favorisieren?

Sie haben jetzt eine grobe Vorstellung davon, wie das grundlegende Mindset des Verkäufers oder der Verkäuferin aussieht und was Vertrieb in Abgrenzung zum Marketing auszeichnet. Um erfolgreich im Vertrieb durchstarten zu können, sollten Sie Ihrem Mindset aber noch einige Elemente hinzufügen. Ich möchte Ihnen jetzt kurz und knapp einige verschiedene Vertriebswege und Teildisziplinen innerhalb des Vertriebs vorstellen.

Partnervertrieb

Der Partnervertrieb lagert die vertrieblichen Aufgaben eines Unternehmens an ein anderes Unternehmen aus. Für kleine Unternehmen ohne eigene Vertriebsabteilung ist dies der beste Weg, die Auseinandersetzung mit dem Thema Vertrieb zu vermeiden. Man beauftragt ein Fremdunternehmen mit mutmaßlicher Expertise mit dem Verkauf des eigenen Produkts oder der eigenen Dienstleistung und braucht sich scheinbar nicht mehr um unbequeme Dinge wie Akquise, Verkaufsgespräche und dergleichen zu sorgen.

Ich halte das, ehrlich gesagt, für eine Art der Prokrastination oder sogar für eine Vermeidungstaktik aus unbegründeter Angst.

In manchen Szenarien mag diese Art des Vertriebs ihre Berechtigung haben. Aber überlegen Sie auch einmal, welche Vorteile ein Unternehmen verpasst, nur um ein paar scheinbare Nachteile zu vermeiden. Ohne den persönlichen Kontakt mit Käufern, wird es seinen Mitarbeiterinnen schwerfallen, eine vertrauensvolle, langfristige Beziehung zu ihren Kunden aufzubauen. Zudem haben sie die unglaubliche Chance vertan, sich ihre Lieblingskunden selbst aussuchen zu können. Und noch dazu bekommen sie keine Rückmeldungen von ihren Kunden darüber, was ihrem Produkt oder ihrer Dienstleistung noch fehlt oder was man verbessern könnte.

Wie gesagt, der Partnervertrieb kann durchaus angemessen sein. Begehen Sie nur nicht den Fehler, mit einem Partner einen Vertrieb aufzubauen, ohne vorher Ihre eigenen Fertigkeiten im Vertrieb geschult zu haben. Nehmen Sie einen Vertriebspartner lieber erst dann hinzu, wenn Sie selbst entdeckt haben, wie sich Ihr Produkt oder Ihre Dienstleistung am besten verkaufen lässt. Erst dann ist es sinnvoll, einen Partner zu ermächtigen, an Ihrer Stelle für Sie zu verkaufen. Ansonsten wird Ihr Partner Ihr Produkt so verkaufen, wie er es gewohnt ist, seine eigenen zu verkaufen. Wie viel effektiver wird sein Verkaufsprozess sein, wenn Sie auf Ihre Eigenheiten und Erfahrungen aufmerksam machen? Vielleicht können Sie sogar beide voneinander lernen. Gehen Sie diese passive Art des Vertriebs mit einem Partner zu früh an, ist das letztlich nicht viel mehr als eine Ausrede, um das Thema Vertrieb nicht selbst in Angriff nehmen zu müssen.

Inbound Sales

Weitere passive Methoden des Vertriebs, die heute im B2B-Bereich von vielen Unternehmen eingesetzt werden, sind diejenigen des Inbound Sales. Inbound bedeutet, dass das eigene Unternehmen vom potenziellen Kunden kontaktiert wird. In Zeiten des informierten (Ein-)Käufers, der im Internet aktiv selbst recherchiert und sich Lösungen für sein Problem sucht, dient der Inbound Sales oft als Vorstufe für den aktiven Vertrieb, kann manchmal aber durchaus auch ganz für sich allein stehen. Über die Firmenwebsite oder Social-Media-Präsenz hat der Interessent die Möglichkeit, Kontakt mit der Verkäuferin herzustellen, und wird von da an ähnlich behandelt wie ein qualifizierter Lead, also ein potenzieller Kunde, der bereits Kaufinteresse bekundet hat. Das ist ein Vorteil des Inbound-Vertriebs – der Bedarf muss nicht erst abgefragt werden, und eine grundlegende Beziehungsebene ist ebenfalls schon hergestellt. Durch die Kontaktaufnahme signalisiert der Interessant ja bereits ein gewisses Vertrauen in das Angebot des Unternehmens. Die konkrete Ausgestaltung passiver Inbound-Vertriebskanäle wie der Firmenwebsite bietet ebenfalls die Möglichkeit, gewünschte Märkte und Zielgruppen anzusprechen. Jedoch wird es hierbei nie möglich sein, einzelne Interessenten ganz individuell und gezielt zu adressieren. Außerdem muss die vom aktiven Kunden gesuchte Lösung auch immer schon existieren. Das bedeutet, dass über diesen Kanal eigentlich nur vorgefertigte Lösungen verkauft werden können, deren individueller Kundennutzen im besten Falle ausreichend ist.

Ein weiterer Nachteil des Inbound Sales ist, dass die informierte Kundin bereits eine gewisse Erwartungshaltung mitbringt, wenn sie Lösungen anderer Marktteilnehmer kennt. Diese müssen allerdings nicht deckungsgleich mit den von Ihnen angebotenen Lösungen sein, sondern haben eventuell einen ganz anderen Unique Selling Point (Alleinstellungsmerkmal). Eine Kundin, die bezogen auf Ihr Angebot eine falsche Erwartung hat, ist viel schwerer neu zu beraten als ein Kunde, der offen für Vorschläge ist. Zudem befindet man sich im Inbound-Geschäft meist in einer Konkurrenzsituation. Der Kunde hat sehr wahrscheinlich nicht nur Ihr Angebot im Web gefunden, sondern eben auch Ihre Marktbegleiter. Der Kunde vergleicht mehr und lässt Sie am Entscheidungsprozess weniger teilnehmen.

Outbound Sales

Für mich ist der Outbound Sales die Königsdisziplin im Vertrieb. Hierbei kontaktiert das Unternehmen aktiv zuvor recherchierte und ausgewählte potenzielle Kunden. Er bietet unter allen Methoden die größte Kontrolle, zunächst über die Auswahl der potenziellen Kunden und später auch über die Gesprächsführung und den gesamten Vertriebsprozess hinweg. Von Anfang an gibt man im aktiven Direktvertrieb den Ton an. Man konzipiert sich selbst das Ideal seines (Lieblings-)Kunden, findet diesen in der Wirklichkeit, ruft ihn oder sie an, vereinbart Termine und baut gegenseitiges Vertrauen und eine Beziehung auf. Auch wenn Sie sich Ihre Zielbranche oder Ihr Zielunternehmen nicht immer aussuchen können, weil Ihr Produkt dieses vielleicht vorgibt oder festlegt, so haben Sie doch fast immer mehrere Ansprechpartner für die erste Ansprache. Wählen Sie den Kontakt, der im ersten Moment am besten zu Ihnen passt, bei dem Sie die ersten Ideen für einen gelungenen Einstieg haben. Und dann werden Sie aktiv! Vergleichbar ist das für mich mit der Situation der Kontaktaufnahme in einer Bar: Sitze ich nur mit meinem Getränk in der Hand am Thresen und warte darauf, dass mich jemand anspricht? Oder traue ich mich, denjenigen anzusprechen, den ich interessant finde? Nur Mut! Es geht ja gar nicht darum, gleich einen Heiratsantrag zu machen, wir wollen doch erst einmal herausfinden, ob uns jemand überhaupt zugeneigt oder sympathisch ist und sich vorstellen kann, einen nächsten Schritt mit uns zu vereinbaren. Durch die Vereinbarung konkreter, handlungsfähiger nächster Schritte, sogenannter Next-Action-Steps, mit dem Interessenten steuert man einen Verkaufsprozess und kann ihn aktiv vorantreiben, statt sich lediglich dem Einkaufsprozess des Kunden zu unterwerfen. Man behält selbst das Ruder in der Hand. Von Ihnen selbst aktiv recherchierte und ausgewählte Interessenten werden sich viel schneller an Sie persönlich binden und weniger nach Alternativen suchen. So können Sie auch von Anfang an eine gute Grundlage für eine starke Beziehung setzen. Alles, was Sie dazu brauchen, sind – etwas idealisiert gesagt – zwei Werkzeuge: Ihren Verstand und Ihre Stimme. Keine Fremdfirmen, keine Werbung, keine Website, kein Social Media. Okay, Ihre Reichweite erhöht sich natürlich drastisch, wenn Sie noch ein Telefon zur Hand haben, das will ich Ihnen nicht vorenthalten.

Wichtig ist es, aktiv zu werden. Für guten Vertrieb führt daran kein Weg vorbei. Und ja, Sie werden mit fremden Menschen sprechen müssen. Auch am Telefon. Versuchen Sie, die Angst oder Abneigung davor loszuwerden, falls Sie sie haben. Jeder Freund, jede Freundin, die Sie haben, war irgendwann einmal fremd und Sie haben es geschafft, eine Beziehung zu ihm oder ihr aufzubauen. Das haben Sie mit Ihrer Stimme getan. Vielleicht nicht am Telefon, aber mit Ihrer Stimme. Erinnern Sie sich, was wir über das Image des Verkaufens gesagt haben? Wie wichtig das Mindset im Vertrieb ist? Es gibt überhaupt keinen Grund, E-Mails oder andere indirekte Formen der Kontaktaufnahme vorzuschieben. Nutzen Sie Ihre Stimme. Mit ein wenig Übung werden Sie sehen, dass es viel leichter ist, als Sie vielleicht glauben, und dass Ihre Befürchtungen unbegründet sind. Dann wird Ihnen auch bald klar werden, welche Möglichkeiten die direkte verbale Kommunikation eröffnet und welche Vorteile der Dialog mit dem Interessenten gegenüber geschriebenen Formen des Austausches bietet. In den Kapiteln 3 und 4 lernen Sie, wie Sie Ihre Stimme am Telefon einsetzen. Ich freue mich schon darauf.

1.4 Nachhaltigkeit – jetzt auch im Vertrieb

Einer der wichtigsten Punkte für ein gesundes Sales-Mindset ist die Einsicht, dass es auch in unserem Bereich eine Nachhaltigkeit geben muss – dass wir also auch im Vertrieb konsequent handeln müssen, wenn wir wirklich auf Dauer erfolgreich sein wollen. Leider setzen viele Unternehmen diesen Begriff nur im Rahmen ihrer Greenwashing-Strategie ein, das heißt, sie polieren lediglich ihr Image mit ökologischen Idealen auf und erscheinen so zumindest an der Oberfläche nachhaltig. Deshalb und aufgrund seiner inflationären Verwendung klingt der Begriff »Nachhaltigkeit« vielleicht für manche Ohren auch schon etwas überstrapaziert. Dennoch werden wir ihn hier verwenden, weil ich fest davon überzeugt bin, dass durch nachhaltiges Handeln im Vertrieb eine Verbesserung sowohl für den Kunden als auch für den Verkäufer erreicht werden kann. Wir wollen die Definition von Nachhaltigkeit nicht so streng auslegen wie etwa der Deutsche Bundestag mit seiner Drei-Säulen-Definition. Das hieße, dass Sie in Zukunft nur noch gleichzeitig ökologisch, ökonomisch und sozial nachhaltige Produkte verkaufen dürften. Ein wenig freier können wir hier meines Erachtens schon sein. Gleichzeitig ist es mir sehr wichtig, den Fokus im Vertrieb auf intelligentes Handeln, Vertrauen und Gewissen zu richten – aber lassen Sie uns von vorn anfangen. Um nicht selbst nur mit einer leeren Buzzword-Hülse zu hantieren, wollen wir zunächst einmal verstehen, woher der Begriff »Nachhaltigkeit« stammt und was er im Allgemeinen bedeutet. Danach wird es Ihnen sehr leichtfallen, dieses Prinzip selbst auf den Vertrieb zu übertragen.

Was versteht man unter Nachhaltigkeit?

Nachhaltiges Handeln ist ressourcenorientiertes Handeln. Das Ziel der Nachhaltigkeit ist, eine dauerhafte – nicht nur kurzfristige – Bedürfnisbefriedigung zu ermöglichen, indem man die Ressourcen des Systems, auf das man zur Bedürfnisbefriedigung angewiesen ist, nur so intensiv nutzt, dass das System durch diese Nutzung keinen Schaden erleidet.

Zuerst wurde das Prinzip der Nachhaltigkeit in der Forstwirtschaft angewandt. Das bekannteste Beispiel für die Nichtbeachtung dieser forstwirtschaftlichen Nachhaltigkeit in Deutschland ist wohl der Schwarzwald. Aus seinem Holz wurde die Hälfte des Rotterdamer Hafens und ganz Amsterdam gebaut. Und auch Venedig steht noch heute auf dem Holz von Schwarzwälder Tannen. Wirtschaftlich – und kurzfristig betrachtet – war der Holz-Boom ganz toll für diese frühe deutsche Exportregion. Allerdings hatte der Raubbau zur Folge, dass der Schwarzwald Mitte des neunzehnten Jahrhunderts fast vollständig abgeholzt war und das Geschäft mit dem Holz erst einmal komplett zum Erliegen kam. In der Folge stellte man also die Regel auf, dass im Wald nur so viel Holz geschlagen werden dürfe, wie in einer bestimmten Zeit auch wieder nachwachsen konnte.

Vielleicht leuchtet es Ihnen ein, warum ich eben von intelligentem Handeln im Vertrieb gesprochen habe: Beute ich die für meine Bedürfnisse benötigten Ressourcen so weit aus, dass sie sich nicht mehr selbst regenerieren können, werde ich meine Bedürfnisse bald gar nicht mehr befriedigen können. Der nachhaltige Umgang damit hat also nichts mit Verzicht oder Altruismus zu tun. Ganz im Gegenteil, er sorgt dafür, dass ich nicht nur kurzfristig, sondern im besten Falle für immer von diesen Ressourcen profitieren kann.

Was bedeutet Nachhaltigkeit im Vertrieb?

Was bedeutet das nun für den Vertrieb? Kurz gesagt: Nachhaltiges Verkaufen bedeutet, dass Ihre Verkaufsaktivitäten langfristig orientiert sind und anstatt auf den schnellen, vorrangigen Verkauf eines Produktes oder einer Dienstleistung auf eine lang anhaltende, durch gegenseitiges Vertrauen geprägte Kundenbeziehung abzielen müssen. Diese Regel hat natürlich Konsequenzen für die Qualität und den Lebenszyklus Ihres Produkts, vor allem aber für den Verkaufsprozess und die Beziehung, die Sie zu Ihren Kunden und Kundinnen aufbauen und pflegen müssen. Aus der Perspektive des konservativen Verkäufers mag es absurd klingen, aber dazu gehört unter anderem auch, einem potenziellen Kunden abzusagen, wenn klar wird, dass das Produkt seinem Bedarf und seinen Anforderungen nicht entspricht. Verkaufen Sie wider besseres Wissen trotzdem, wird der Kunde bald unzufrieden und Ihr Ruf als Verkäufer sowie der Ruf Ihres Unternehmens gefährdet sein. Verkaufen Sie ihm das unpassende Produkt jedoch nicht, kommt er, wer weiß, vielleicht mit einem ähnlichen Bedarf zu einem anderen Zeitpunkt wieder auf Sie zu. Zu diesem Zeitpunkt wird sein Vertrauen in Sie und Ihr Unternehmen um ein Vielfaches gewachsen sein.

Zu diesem Thema möchte ich Ihnen eine kleine Anekdote erzählen, nämlich eine Geschichte, aus der ich persönlich schon früh in meinem Berufsleben viel gelernt habe. In meinem ersten Vertriebsjob arbeitete ich, noch während meines Studiums, bei einem großen Telekommunikationsanbieter. Mein Kollege Stefan (Name geändert) und ich waren beide im Kundenbereich eingesetzt und sollten neben Telefonverträgen auch Hardware wie Telefone, Router und sonstiges Zubehör verkaufen. An meinem ersten Arbeitstag schaute ich Stefan über die Schulter, als er einen potenziellen Neukunden beriet, der einen Router kaufen wollte. Obwohl ein mögliches Gerät auf Lager war, riet Stefan dem Mann, er solle doch lieber in einen Elektrofachmarkt gehen. Dort erhalte er ein Gerät, welches für den Kunden die besseren und passendere Funktionen hätte, und das für einen geringeren Preis. Er notierte ihm sogar die Marke und genaue Typenbezeichnung des Geräts. Der potenzielle Kunde verließ uns ohne Router und ich war völlig konsterniert. Wie konnte ein Verkäufer so etwas tun? Nicht verkaufen, obwohl die Gelegenheit hundertprozentig sicher war? Stefan verzichtete auf den Verkauf, auf seine Verkaufsprovision und vielleicht sogar auf die Möglichkeit, dem Kunden gleich noch einen Vertrag zu verkaufen und die eigene Provision noch einmal zu erhöhen. Mein Entsetzen war wohl nicht zu übersehen und Stefan erklärte mir später, er verkaufe nicht nach Provision, sondern nach Gewissen. Selbst wenn er dadurch eine Abmahnung oder gar die Kündigung riskiert hatte, war er doch überzeugt davon, dass seine Methode die richtige war. Und schon wenige Monate später erhielten wir den Beweis dafür, dass er recht hatte. Ich empfing den Mann eines Tages am Eingang, er nahm mit mir nur kurz Blickkontakt auf, gab mir zu verstehen, dass er von Stefan beraten werden wolle und ging zielgerichtet zu ihm. Er schloss an diesem Tag einen Telefonvertrag ab – für sein ganzes fünfzigköpfiges Unternehmen.

Durch seine Offenheit und Ehrlichkeit, und letztlich durch den Verzicht auf einen schnellen, vorrangigen Verkauf, konnte mein Kollege ein zwischenmenschliches Vertrauen aufbauen, das zunächst dem Kunden und wenig später ihm selbst wieder zugutekam.

Die Perspektive im nachhaltigen Vertrieb sollte also immer auf den Interessenten oder die Interessentin ausgerichtet sein. Falls sich keine Zusammenarbeit anbietet, sollte man schnell lernen, ein Nein zu akzeptieren oder bestenfalls selbst zu erkennen, warum die Zusammenarbeit zum aktuellen Zeitpunkt keinen Sinn ergibt, um es der Interessentin erklären zu können. Doch warum ziehen viele Verkäufer den vorrangigen Verkauf dem nachhaltigen vor? Der Ursprung dieses Verhaltens lässt sich zum einen mit dem Verkaufsdruck erklären, der durch Provisionen und umsatzbasierte Entlohnung aufgebaut wird. Diese fördern ein egoistisches, verkäuferzentriertes Verhalten und sind für einen nachhaltigen Vertrieb nicht förderlich. Aktuelle Leistung ist nicht mit aktuellem Umsatz zu messen.

Zusätzlich wird das vorrangige Verhalten im Vertrieb durch die Illusion seiner Skalierbarkeit vorangetrieben. Warum ein Telefonat führen, wenn ich in kürzerer Zeit tausend vorbereitete E-Mails verschicken kann? Dass dadurch virtueller Raubbau an Wertschätzung betrieben wird, leuchtet vielen Druck-Verkäufern meistens erst später ein. Wer nachhaltig verkauft, benötigt beispielsweise mehr Zeit zum Aufbau der Lead-Base, also einer Sammlung aus potenziellen Spuren für gute Geschäftschancen. Man benötigt hier mehr Zeit, sich zu überlegen, wen man erreichen will und wie eine Zusammenarbeit langfristig aussehen könnte. Und bei der Ansprache kann man nicht mit Callcenter-Standardskripts oder E-Mail-Vorlagen arbeiten. Stattdessen muss man sich Gedanken machen: »Wie gehe ich mit diesem Kontakt um? Wie spreche ich ihn für mein Szenario an?« Durch die bessere Qualifizierung der Leads wird man für die aufgewendete Zeit allerdings mit einem höheren Vertrauen seiner Kunden und häufigeren Verkäufen belohnt.

a) Weg mit den Provisionen!

Viele Menschen, die sich entscheiden, im Vertrieb zu arbeiten, beginnen oft mit der falschen Vorstellung und Motivation: Provisionen, Boni und Tantiemen versprechen einen schnellen persönlichen Profit. Wer allerdings kurzfristig viel und schnell verkauft, hinterlässt auf Kundenseite meist nur verbrannte Erde. Sales-Mitarbeiter, die immerzu ihre Provision im Blick haben, schaden ihrem Unternehmen. Ein provisionsbasiertes System führt zudem auch nur selten dazu, dass der persönliche Verkaufserfolg dem Unternehmen zugutekommt. Nachhaltige Vertriebsstrukturen sind deutlich erfolgreicher und generieren bei etwas mehr anfänglichem Aufwand langfristig signifikant mehr Umsatz. »Hauptsache verkauft« ist eine Devise, die auf langfristige Sicht in jedem Fall zu Schaden an der Reputation des Unternehmens führen wird. Wir alle kennen wahrscheinlich Verkäufer, die nicht nach unserem Bedarf, sondern nach ihren eigenen Interessen gehandelt haben. Wir erhielten Verträge oder Produkte, die nicht geeignet oder zu teuer waren. Vielleicht wurden uns sogar Versprechungen gemacht, die dann nicht eingehalten wurden. Die Konsequenz: Wir kaufen einmal und nie wieder bei diesem Anbieter.

Da es aufwendiger ist, neue Kunden zu akquirieren, als Bestandskunden zu halten, schaden Vertriebler sich auch selbst, wenn sie sich so verhalten. Sie berauben sich der Möglichkeit der langfristigen Zusammenarbeit, müssen immer neue Kunden akquirieren und bekommen immer mehr Druck von der Geschäftsleitung, etwa wegen Kundenbeschwerden. Letzten Endes verlassen sie das Unternehmen, nur um sich von einem anderen anstellen zu lassen, und der Raubbau beginnt von vorn. Nachhaltigkeit funktioniert definitiv anders.

b) Auf beständige Systeme statt kurzfristige Ziele setzen

Vielleicht klingt es für Sie zunächst verwirrend, wenn ich sage: »Vergessen Sie Ihre Ziele!« Doch genau das sollten Sie tun. Ein Ziel wird mit seinem Erreichen verschwinden. Ja, selbst mit seiner Verfehlung ist es Vergangenheit und Sie müssen sich ein neues setzen. Wir alle kennen unsere guten Vorsätze zu Neujahr und wissen, wie es sich mit diesen nach ein paar Tagen im neuen Jahr meist verhält. Fünfundzwanzig Kilo leichter? Nie mehr rauchen? Den perfekten Job, Partner, Lebenstraum finden? All das sind Ziele, die groß und oft schwer zu erreichen sind. Jedes Scheitern demotiviert zudem, weil es zu persönlicher Enttäuschung führt. Schaffen Sie sich stattdessen lieber ein System. Sie können es ja als System der kontinuierlichen Ziele bezeichnen, wenn Sie den Begriff nicht ganz verwerfen wollen. Ich gebe Ihnen ein Beispiel. Natürlich ist es eine große Motivation, sich als Ziel zu setzen, Profifußballer oder berühmte Skispringerin zu werden. Der damit verbundene Ruhm, der Applaus, das hohe Einkommen ... Aber inwiefern befähigt Sie diese Motivation, auch den richtigen Weg zu Ihrem Ziel zu gehen? Was wäre anders, wenn Sie sich stattdessen vornehmen würden, jeden Tag eine festgelegte Zeit lang zu trainieren und keine Ausnahmen von dieser Regel, keine Ausreden gelten zu lassen? Was denken Sie, wie viele Profifußballer hatten das Ziel, Profis zu werden, und wie viele haben einfach gern Fußball gespielt und jede Chance genutzt, genau das zu tun?

Wenn Sie ein System, einen Satz von grundlegenden Regeln, entwickeln und dieses System kontinuierlich verfolgen, ist es viel wahrscheinlicher, dass Sie Erfolg haben, als wenn Sie sich lediglich ein Ziel setzen. Für den Vertrieb werden Ziele ja häufig in Umsatzzahlen festgesetzt. Vielleicht sind Sie ehrgeizig, kompetitiv, wollen gewinnen, erfolgreich sein. Vielleicht motivieren Sie diese Zahlen alleine, vielleicht lockt ein Bonus nach dem Erreichen dieses Ziels. Aber macht Sie das auf Dauer zu einem besseren Verkäufer oder einer besseren Vertrieblerin? Eher nicht.

Erstellen Sie sich hingegen ein sinnvolles, einfaches, klar formuliertes System, werden Sie Ihre Fähigkeiten jeden Tag ausbauen und verbessern. Und das Beste ist: Der Erfolg wird sich, quasi als Nebenwirkung, ganz nebenbei einstellen. Ein typischer Bereich des Vertriebs, den Sie sich vornehmen könnten, wäre beispielsweise die persönliche Kundengewinnung und -pflege. Ihre Regel könnte besagen, dass Sie jeden Tag mit einer Interessentin und einem Bestandskunden telefonieren wollen. Akquise ist ein zentraler Bestandteil des Vertriebs, in dem die meisten Vertriebler ihre Fertigkeiten wirklich noch verbessern können. Legen Sie für sich fest, jeden Tag Akquise zu machen. Starten Sie keine zeitlich begrenzten, aufwendigen Akquise-Kampagnen alle paar Monate, sondern üben Sie Akquise als Teil des Arbeitsalltags aus. Vielleicht mal intensiver, mal weniger intensiv. Aber niemals gar nicht. Sie werden sehen, wie schnell Sie besser werden, wie leicht es

Ihnen bald fallen wird und wie sich Ihre Kundenbeziehungen verbessern werden. Und ganz nebenbei werden Sie erfolgreich verkaufen.

1.5 Erfolg durch Nein-Akzeptanz und Scheitern

Sie haben jetzt die wichtigsten Bestandteile eines guten Mindsets kennengelernt. Zunächst haben Sie Klarheit gewinnen können, woher das oft schlechte Image des Vertriebs rührt und dass diese Sicht weder zeitgemäß noch förderlich für guten Vertrieb ist. Dann haben Sie erfahren, wie sich der Vertrieb gegen das Marketing abgrenzen lässt und dass diese beiden Disziplinen nicht vermischt werden sollten. Ich habe Ihnen außerdem gezeigt, dass es wichtig ist, selbst aktiv zu werden und sich erst einmal nicht auf Vertriebspartner oder Empfehlungsmarketing zu verlassen. Zuletzt habe ich versucht, Ihnen nahezubringen, auch im Vertrieb mit Prinzipien der Nachhaltigkeit zu arbeiten, um langfristig gute Beziehungen zu Ihren Kundinnen und Kunden aufzubauen.

Nein heißt Nein. Akzeptieren Sie das!

Ein sehr wichtiger Punkt zum vollständigen Sales-Mindset fehlt aber noch. Er greift das Thema aus dem Beispiel des letzten Kapitels auf und betrifft das Nichtverkaufen. Wie schon gesagt, Sie müssen es nicht wie Stefan machen und potenzielle Kundinnen zur Konkurrenz schicken. Aber ich empfehle Ihnen, sein Gespür dafür zu entwickeln, wann es besser ist, nicht zu verkaufen. Erkennen Sie, wann Sie den Bedarf der Kundin mit Ihrer Dienstleistung vielleicht gar nicht decken können oder ab welchem Moment die Kundin einfach entscheidet, nicht von Ihnen zu kaufen. Dann gilt es, dieses Nein zu akzeptieren.

Dasselbe gilt für die Akquise. Bei einer Erstansprache müssen wir nicht jeden Einwand behandeln und versuchen, jede Situation zu drehen und aus einem Nein ein Ja zu machen. Verzichten Sie auf billige rhetorische Tricks, die Ihnen genau diese Umwandlung versprechen. Denken Sie an das Gebot der Nachhaltigkeit: Täuschung, Manipulation und rhetorische Fallen sind niemals die Quelle einer langfristigen Beziehung. Und es ist ja nicht so, dass ein solches Vorgehen Ihnen erst Monate später wieder auf die Füße fällt: Die meisten Ansprechpartner merken es direkt, wenn man versucht, Sie rhetorisch zu manipulieren. Denn die »Zehn Tricks, um aus einem Nein ein Ja zu machen«, die der bemühte Verkäufer sich aus dem Internet holt – die wurden eben von etlichen anderen Verkäufern bereits bei der Ansprechpartnerin verwendet.

Nein ist eine Entscheidung. Es ist ja verständlich, dass wir als Verkäufer und Verkäuferinnen zu Beginn unserer Kundenarbeit kein Nein hören wollen. Fühlt es sich doch wie eine Niederlage an. Stattdessen ziehen wir ein Vielleicht vor, dass uns völlig im Unklaren über die Entscheidung des Kunden lässt. Wir freuen uns sogar über einen Satz wie: »Lassen Sie mich darüber nachdenken und rufen Sie mich nächstes Jahr wieder an.« Oder einen wie: »Schicken Sie mir doch mehr Informationen, bei Bedarf melde ich mich dann wieder bei Ihnen.« Wir interpretieren das zu unserem eigenen Nutzen falsch und betrachten es als Möglichkeit, doch noch ein Ja daraus zu machen. Lieber lassen wir uns hinhalten, statt die klare Frage zu formulieren: »Wollen Sie den nächsten Schritt mit uns gehen? Ja oder nein?« Den Kunden vor eine Entscheidung gestellt zu haben, ist bereits ein Erfolg. Nur nach der Entscheidung des Kunden habe ich als Verkäufer die Klarheit, wie der nächste Schritt aussehen muss. Daher müssen wir lernen, ein Nein nicht nur zu akzeptieren, sondern es regelrecht zu suchen, statt es mit aller Kraft zu vermeiden. Es sollte dem Ja gleichwertig sein.

Wir leben in einer Welt, in der das Wort »Ja« verehrt wird. Wir alle wollen das Wort hören:
»Ja, ich schließe den Vertrag mit Ihnen, Frau Verkäuferin.«
»Ja, Sie bekommen die Stelle als Verkaufsleiter.«
»Ja, ich will dich heiraten.«
»Ja, ich akzeptiere die Scheidung.«

Wir denken, dass das Ja der Garant für den Verkaufserfolg ist. Aber das ist ein Irrtum. Es ist das Nein. Nein bedeutet Scheitern. Und jetzt die erfreuliche Neuigkeit für ein vertriebliches Umdenken: Scheitern führt zum Erfolg. Jeder erfolgreiche Mensch auf dieser Welt hat eine sehr hohe Fehlerrate. Das liegt daran, dass erfolgreiche Menschen oft viele Risiken eingehen und viel ausprobieren. Sie scheitern damit auch sehr häufig. Aber das nur, um schließlich die richtige Fährte zum positiven Ergebnis zu finden. Das Problem mit unserer Wahrnehmung ist, dass wir hinter jeder Erfolgsstory meist nur das goldene Ende sehen und nicht den Weg, der dort hingeführt hat. Weil wir das so gewohnt sind, ist die Vorstellung, ein Ziel zu erreichen, für uns auch oft eine größere Motivation als ein systematisch und kontinuierlich verfolgter Weg. Wie ich oben schon beschrieben habe, wollen wir Ziele jedoch möglichst durch Systeme ersetzen.

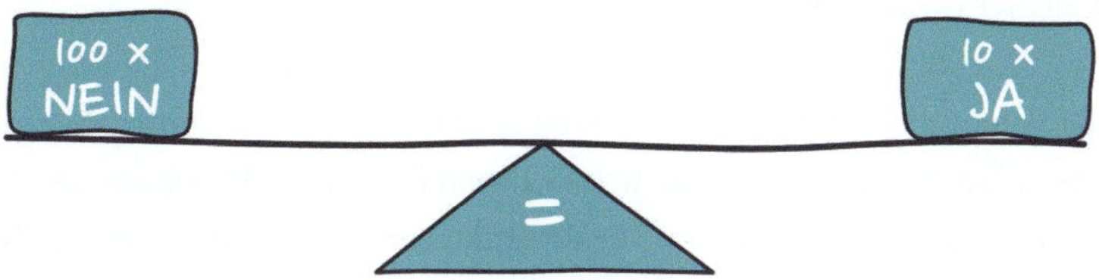

Abbildung 2: Wer mehr Gespräche führt, wird mehr Neins hören, aber auch zwangsläufig mehr Jas. Für den Erfolg ist beides wichtig.

Scheitern? Aber bitte mit System!

Durch den bloßen Wunsch, unsere Einstellung zum Wort »Nein« zu ändern, wird wahrscheinlich nicht viel passieren. Die Abneigung gegen Widerstand, gegen das Scheitern, ist tief in jedem Menschen verankert. Reines Wunschdenken oder positives Denken à la »Am Ende wird schon alles gut« wird nicht helfen. Wenn wir uns nur ein positives Mantra vorbeten wie »Ich denke positiv, ein Nein ist gut, ich fühle mich gut, Scheitern führt zum Erfolg«, dann wird sich unsere Einstellung kaum ändern. Unser Verstand und erst recht unser Unterbewusstsein lassen sich so einfach nicht programmieren. Auch wenn das von manchen Motivationstrainern immer wieder behauptet wird. Wie alles, worin wir gut werden wollen, egal ob Fußballspielen, Eiskunstlaufen oder Verkaufen, müssen wir auch das Scheitern üben. Aufgrund meiner eigenen Erfahrung bin ich überzeugt davon, dass nur ein System, eine Gewohnheit der täglichen Auseinandersetzung mit dem Nein und dem Scheitern uns einen konstruktiven Umgang damit lehren kann.

Nehmen wir an, Sie scheitern bei der Telefonakquise zwanzigmal täglich an zwanzig verschiedenen Kunden, über mehrere Tage hinweg. Was sagt das über Sie aus? Dass Sie ein Versager sind? Ganz im Gegenteil! Sie sind auf dem Weg, eine sehr erfolgreiche Verkäuferin oder ein sehr erfolgreicher Verkäufer zu werden. Warum? Sie haben mindestens zwanzig Kunden am Tag kontaktiert. Das ist nicht wenig und zeigt Ihren Willen zur Umsetzung. Außerdem haben Sie maximal zwanzig Absagen erhalten, sind also zwanzigmal gescheitert und haben es am nächsten Tag trotzdem weiter probiert. Das beweist Ihre Beharrlichkeit.

Das ist schon die ganze Übung, das ganze Erfolgsrezept. Werden Sie aktiv, scheitern Sie, bleiben Sie beharrlich in Ihrem Prozess statt beharrlich in der Überredung des Kunden. Neben den Absagen werden Sie bei dieser Kontakthäufigkeit zwangsläufig auch Verkäufe vorweisen können. Nur noch eine Kleinigkeit, die das System und seinen Lerneffekt vollständig macht: Messen Sie Ihren Erfolg nicht an den Verkäufen. Messen Sie Ihn an der Zahl der Absagen, der Neins. Nehmen Sie sich beispielsweise vor, jeden Tag zwanzig Neins zu kassieren. Ich garantiere Ihnen, Sie werden erfolgreich verkaufen.

Warum ist das Messen des Erfolgs an den Jas verführerisch, aber falsch? Ein Beispiel: Sie haben die Aufgabe, in einer Woche fünf erfolgreiche Außentermine vorzuweisen. Gleich am Montag gelingt es Ihnen, mit Ihren ersten zehn Telefonaten fünf Termine zu vereinbaren. Ihre weitere Motivation für die Woche wird gering sein, denn Ihr Soll ist erfüllt. Warum also überhaupt noch weiter telefonieren? Stellen Sie sich stattdessen besser vor, Ihr Pensum sind nicht fünf Jas, sondern fünfundvierzig Neins. Wie wird sich Ihre Einstellung für die jetzige Woche, wie wird sich Ihre Verkaufsrate ändern?

Die wahre Leistung unserer Arbeit als Verkäufer und Verkäuferinnen ist nicht, durch Glück oder Überredungskunst Kunden zu gewinnen. Es ist die Bereitschaft, Menschen zu kontaktieren, Ihren Bedarf zu ermitteln und sie schließlich vor Entscheidungen zu stellen. Damit meine ich tatsächlich nicht nur die Kaufentscheidung. Denn diese ist im B2B nur ein Teil vieler kleinerer Entscheidungen im Laufe des Vertriebsprozesses, quasi die Konsequenz aus den vorherigen Entscheidungen. Wer mehr Menschen kontaktiert, wird öfter ein Nein hören, aber auch öfter ein Ja. Und auch Neins sind, wie gesagt, niemals Misserfolge. Thomas Alva Edison beschrieb den Prozess zu seiner größten Erfindung, der Glühbirne, sinngemäß so:

»Ich habe nicht zehntausendmal versagt – ich habe nur zehntausend Möglichkeiten entdeckt, wie es nicht funktioniert.«

2.
Das Skillset für moderne Verkäufer

Wir sind im vorherigen Kapitel zunächst auf das grundlegende Mindset eingegangen, damit Sie in die richtige Startposition gebracht werden, um mit dem Vertrieb loszulegen oder eine neue Denkweise zu Ihren bisherigen Vertriebsmethoden hinzuzufügen.

Neben der geistigen Haltung und resultierenden Verhaltensweisen definiert sich neuer Vertrieb außerdem durch bestimmte Fähigkeiten und Methoden über den zum vorgestellten Mindset hinaus. Sie benötigen auch ein Skillset, einen Werkzeugkasten mit wichtigen Tools und Erkenntnissen, damit Sie sich vom Standardverkäufer unterscheiden und von Ihren (potenziellen) Kunden positiver wahrgenommen werden.

2.1 Die Anforderungen an den neuen Vertrieb

Arbeit im modernen B2B-Vertrieb ist meiner Meinung nach eine der anspruchsvollsten Tätigkeiten in einem Unternehmen. Deshalb ist der Vertrieb auch die größte Baustelle in vielen Firmen. Der Beruf des Vertrieblers stellt hohe Anforderungen an Leistungs- und Lernbereitschaft. Aufgaben, die hohe Effizienz und kaufmännisches Wissen erfordern, müssen oft im selben Maße gemeistert werden wie kreative oder ergebnisoffene Aufgaben. Zudem sind kommunikative und empathische Fähigkeiten essenziell für den Beziehungsaufbau mit dem Kunden. Denn hier sprechen Menschen miteinander, nicht Unternehmen, und eine grundlegende Sympathie ist ausschlaggebend für den Erfolg. Vielleicht fragen Sie sich jetzt, wie Sie diese hohen Ansprüche alleine erfüllen sollen. Diese Sorge hatte ich selbst früher ebenfalls. Die Antwort ist jedoch einfach: Sie müssen es gar nicht alleine tun. Vertrieb funktioniert im Team viel besser; verschiedene Rollen, Zuständigkeiten und Verantwortlichkeiten, verteilt auf verschiedene Menschen. Genau genommen funktioniert Vertrieb, wie ich ihn verstehe, nur im Team wirklich gut.

Die Anforderungen an einzelne Mitarbeiter ist im modernen Vertrieb mitunter einfach zu hoch. Gerade im Bereich Complex Sales, also im Verkauf von erklärungsbedürftigen Produkten, ist es deshalb sinnvoll, ein Team von Verkäufern und Verkäuferinnen, aber auch von zunächst verkaufsfremden Personen zusammenzustellen, um den gesamten komplexen Vertriebsprozess angemessen durchführen zu können. Wenn Sie also Leistungs- und Lernbereitschaft zeigen und zusätzlich ein Teamplayer sind, der anderen ihre Erfolge gönnt, weil Sie wissen, dass letztlich auch Sie davon profitieren, dann sind Sie auf dem besten Wege, zu den wenigen Verkäufern zu gehören, die ich als extraordinäre Sales-Mitarbeiterinnen oder -Mitarbeiter bezeichne.

Fähigkeiten neuer Vertriebler:innen

Lassen Sie mich gleich zu Beginn dieses Unterkapitels sagen, dass ich Ihnen hier keine todsichere Methode für den Top-Erfolg im Vertrieb vorstellen will. Ich bin überzeugt, dass es ein solches Patentrezept oder eine Art ultimative Methode gar nicht geben kann, da der Vertrieb in bestimmten Bereichen und Prozessabschnitten höchste Flexibilität und die Bereitschaft erfordert, sich auf gänzlich neue Situationen einzustellen. Ich glaube zudem, dass Vertriebler, die sich an Methoden wie zum Beispiel »Fünf Tipps für erfolgreiche Abschlüsse« orientieren, auf Dauer keinen großen Erfolg haben können.

Was ich Ihnen also vorstellen will, sind die Einordnung vertrieblicher Aufgaben in ein einfaches Schema und die Art, wie man diesen Aufgaben bestimmte Fähigkeiten und Charaktermerkmale zuordnet. Dieses Schema ist, im Gegensatz zu den oben genannten Methoden der Tschakka-Motivationstrainer, wissenschaftlich erarbeitet und geprüft und findet in meinen Unternehmen täglich erfolgreich praktische Anwendung. Meine Mitarbeiterinnen und Mitarbeiter haben zudem durch die Auseinandersetzung mit diesem Schema zum wissenschaftlichen Diskurs in diesem Bereich beigetragen und ihn vorangetrieben. Der Nutzen dieser Art schematischer Einordnung ist, dass Sie durch sie besser verstehen, welche Fähigkeiten und Charakterzüge für bestimmte Aufgaben unerlässlich sind. So lassen sich etwa Personalentscheidungen im Unternehmen besser treffen und vertriebliche Aufgaben besser den geeigneten Mitarbeitern und Mitarbeiterinnen zuordnen. Wie in jeder Typologie sind die Einteilungen auch hier zum Teil natürlich idealisiert, denn in der Realität enthält beinahe jede vertriebliche Aufgabe verschiedene, manchmal gegensätzliche Merkmale. Ebenso wird kaum ein menschlicher Charakter ausschließlich die einen oder anderen Merkmale aufweisen. Dennoch wollen wir hier idealtypisch vorgehen. Dem Verkäufer selbst kann die Systematik helfen, seine eigenen Fähigkeiten und Eignungen für bestimmte Aufgaben abzuschätzen und sich entweder auf vorhandene Skills zu spezialisieren oder seine schwächeren Fähigkeiten zu verbessern und neue zu erlernen.

a) Offen für neue Erkenntnisse: Die Exploration

Als explorative Tätigkeiten bezeichne ich alle Aufgaben und Schritte im Verkaufsprozess, die überwiegend erkundend, forschend, entdeckend und aufdeckend sind. Dazu gehören unter anderem das Erfragen und Analysieren des tatsächlichen Bedarfs einer Interessentin (die sogenannte Bedarfsanalyse, siehe Kapitel 4) und der Aufbau von Vertrauen und einer langfristigen Beziehung zwischen Käufer und Verkäufer durch kommunikative Aufgaben, wie die Ermittlung und Vermittlung des Kundennutzens. Kurz: Zur Exploration gehören alle Aufgaben, die zwischenmenschliche Aspekte beinhalten und die nicht voraussagbar oder im Voraus abschätzbar sind. Dazu zählen auch alle Aufgaben, die nicht direkt skalierbar, quantifizierbar oder planbar sind. Außerdem alles, was mehr mit ergebnisoffenem Fragen und aufmerksamem Zuhören zu tun hat als mit vorbereitetem Präsentieren und Erklären.

Die Grenzen hierbei sind manchmal fließend. Gerade eine ausführliche Vorbereitung hilft dabei, in unerwarteten Situationen nicht nur reagieren, sondern vor allem aktiv agieren zu können. So ist ein Feedbackgespräch mit dem Kunden zum Beispiel nicht nur rein explorativ, auch wenn es ergebnisoffen geführt wird. Viele Rückmeldungen und Reaktionen können bereits bekannt oder zumindest erwartbar sein, weil man sie bis zu einem gewissen

Grad im Voraus antizipieren kann. Letztendlich ist die Reaktion des Kunden aber nicht komplett planbar oder gänzlich vorhersehbar und so kann es immer zu völlig offenen Situationen kommen. Dann wird eine Verkäuferin, die die nötigen explorativen Fähigkeiten und Charaktereigenschaften mitbringt, intuitiv oder aus Erfahrung wissen, wie sie handeln muss. Ganz ohne Skript, Anleitung oder vorgegebene Methode. Sie merken, dass die im Kapitel zuvor erwähnten Marketingaufgaben nicht zu den hier genannten explorativen Aufgaben gehören, weil sie nicht auf individuellen, sondern auf objektiv standardisierten Aktivitäten beruhen.

Welche persönlichen Charakterzüge sind es nun, die zu diesen Aufgaben am besten passen? Ich denke, es ist klar, dass nicht der sprichwörtliche Buchhalter, der für jede erwartbare Transaktion die Nummer eines Buchungskontos und des passenden Gegenkontos im Kopf hat, geeignet ist, diese Art von Aufgaben zu übernehmen. Ihn für die explorativen Tätigkeiten einzusetzen, wäre ein großer personalstrategischer Fehler. An anderer Stelle sind seine Fähigkeiten dagegen unverzichtbar. Für die Exploration sind Flexibilität, Kreativität, Anpassungsfähigkeit und eine überdurchschnittliche Lernbereitschaft ganz sicher einige der notwendigen Voraussetzungen, um den gegebenen Ansprüchen gerecht zu werden. Die Mitarbeiterinnen und Mitarbeiter, die sich diesen Aufgaben stellen, sollten kompetent und selbstbewusst genug sein, auch in kontroversen Diskussionen mit den prospektiven Kunden ihre Meinung zu äußern. So wird es möglich, im Prozess gemeinsam mit dem Kunden Lösungen zu erarbeiten, die nicht einfach vorgefertigte Angebote von der Stange sind, sondern situativ entwickelt, abgestimmt und angepasst werden. Einfühlungs- und Eindenkungsvermögen ermöglichen es, für zunächst noch unbekannte Kundenszenarien eine höhere Bandbreite an möglichen Lösungsideen zu entwickeln. Wenn jetzt noch Proaktivität der Sales-Mitarbeiterinnen in diesem Bereich hinzukommt, also ihre Fähigkeit, nicht nur zu reagieren, sondern von sich aus selbst aktiv zu handeln, wird der Interessent den Vertriebsprozess nicht nur als Verkaufen wahrnehmen, sondern als Service und persönliches Erlebnis.

Personen, deren Charaktereigenschaften dem explorativen Spektrum zuzuordnen sind und die deshalb für Aufgaben gut geeignet sind, in denen es nicht um Effizienz, sondern um Empathie, Langfristigkeit und Nachhaltigkeit geht, sind offen für verschiedene Vorgehensweisen und Ergebnisse. Sie sind experimentierfreudig, neugierig, flexibel, gehen höhere Risiken ein, testen gerne verschiedene Optionen aus und freuen sich über Abwechslung. Personen mit diesen Charakterzügen werden sich in oben genannten Aufgaben wohler fühlen und dort auch besser zurechtkommen. Doch gibt es im Vertriebsprozess auch viele Schritte, für die andere Charaktermerkmale viel passender sind. Diese Kompetenzen wollen wir im nächsten Punkt erläutern.

b) Die Umsetzung vorhandener Erkenntnisse: Die Exploitation

Unter die Exploitation fallen alle Aufgaben und Prozessschritte, die sich bereits bestehender Methoden und Vorgehensweisen bedienen und diese möglichst effizient in die Praxis umsetzen. Oft handelt es sich auch um repetitive und skalierbare Aufgaben, bei denen ein Prozessschritt öfter hintereinander ausgeführt werden muss. Exploitative Aufgaben steigern die Effizienz des Verkaufsprozesses und dienen der Planung, Abschätzung, Berechnung oder Quantifizierung. Gleichzeitig sind sie aber auch analytisch, prüfend und abwägend. Zur Exploitation gehören etwa das Recherchieren potenzieller Kunden nach Vorlage, festgelegte Verhandlungsstrategien oder Kostenvoranschläge, denn diese Aufgaben benötigen eine konkrete Vorbereitung und Planung von vordefinierten Aktivitäten.

Es wäre allerdings ein Fehler, anzunehmen, exploitative Aufgaben seien stumpfsinnige Fleißarbeit und Personen mit exploitativen Charakterzügen langweilige Zeitgenossen, die sich nur an vorgegebene Regeln und Methoden halten und diese schlicht abarbeiten, statt selbst Ideen zu entwickeln und etwas Neues zu erschaffen. Das hört sich für uns zunächst wenig reizvoll und vielleicht sogar negativ oder gar spießig an. Kategorien wie Fleiß, Pünktlichkeit, Effizienz, Genauigkeit und so weiter gelten heute nicht mehr als besonders attraktiv. Unser gesellschaftliches und mediales Priming, also die Bildung und Beeinflussung unserer Meinung und unserer Entscheidungen durch unsere Umwelt, sorgt für eine negative Bewertung. Galten diese Fähigkeiten und Eigenschaften vor längerer Zeit noch als hohes Ideal, sind die Leitsterne der modernen Leistungsgesellschaft Kreativität, Flexibilität, Innovativität und dergleichen. Statt die Dinge beim Namen zu nennen, wird bedauerlicherweise aber alles Mögliche als kreativ oder innovativ bezeichnet, als ob alle Menschen nur noch explorative Eigenschaften hätten und es auf alles andere gar nicht mehr ankäme. Doch exploitative Eigenschaften und Tätigkeiten sind gleichermaßen notwendig und werden es auch bleiben, auch wenn sie nicht mehr bereitwillig beworben werden: Unternehmen werfen in ihrer Selbstdarstellung gerne mit Vokabeln wie »innovativ«, »kreativ«, »flexibel«, »dynamisch«, »agil« um sich, und natürlich gilt das dann auch für das Anforderungsprofil der Bewerber. Wer würde sich denn auf einen Job bewerben wollen, in dessen Beschreibung steht: »Wir suchen Mitarbeiter (m/w/d), die vorgegebene Aufgaben nach etablierten Methoden hunderte Male am Tag abarbeiten können«? Doch tatsächlich braucht ein Unternehmen in hohem Maße immer auch Mitarbeiter und Mitarbeiterinnen mit genau diesen Fähigkeiten. Führungskräften erfolgreicher Unternehmen ist längst klar, dass ihr langfristiger Erfolg von der richtigen Kombination aus explorativen und exploitativen Strukturen, Prozessen und Mitarbeitern abhängt. Ohne exploitative Fähigkeiten bleibt letztlich auch der Vertrieb nutzlos.

Persönliche Eigenschaften und Kompetenzen von Mitarbeiterinnen und Mitarbeitern im exploitativen Bereich sind nämlich durchaus auch positiv besetzt. Dazu gehören Effizienz, Strukturiertheit, die Bereitschaft, etablierte Methoden zu erlernen und umzusetzen, und nicht zuletzt die Fähigkeit zum abwägenden, prüfenden, analytischen und selektiven Denken. Haben diese Personen vielleicht nicht ständig neue Ideen, so können sie im Falle des Vertriebs dafür aus bestehenden Ideen, etwa einem Fundus an Lösungsansätzen, durch Prüfung und Vergleich mit dem Kundenszenario die für den Kunden beste Lösung auswählen.

Ein konkretes Beispiel für ein exploitatives Vorgehen im Arbeitsalltag sähe etwa so aus: Eine exploitativ arbeitende Person benutzt nach dem erfolgreichen Verkaufsabschluss mit Unternehmen XY ihr CRM-System und filtert die Bestandskunden nach Unternehmen, die sich in einem ähnlichen Szenario befinden und demnach ähnliche Probleme haben. Als Türöffner für die Akquise des nächsten Unternehmens könnte dann etwa die Zusammenarbeit mit dem vorigen Unternehmen dienen. Die Mitarbeiterin könnte den erfolgreichen Verkauf als Case Study verwenden, um auf Parallelen hinzuweisen und schneller mit dem Interessenten ins Gespräch einzusteigen.

Die erste Einteilung von Exploration und Exploitation sollte Ihnen zur Orientierung und der effektiveren Zuordnung von Aufgaben, Mitarbeitern und Prozessschritten dienen. Die Fähigkeiten eines konversationsbegabten Mitarbeiters, um noch ein Beispiel zu geben, sollte man nicht verschwenden, indem man ihn ausschließlich dazu einsetzt, das Budget von Projekten zu planen oder Leads nach einer Buyer Persona, also einer stereotypen Vorlage zu suchen. Die Mitarbeiterin hingegen, die exzellent darin ist, Aufgaben in einem engen Zeitfenster und mit höchster Effizienz zu bearbeiten, wird sich in vielen Bereichen des Early-Sales-Prozesses wie zum Beispiel der Akquise wohlfühlen.

c) Zwei rechte Hände: Exploration und Exploitation vereint in der Ambidextrie

Wir haben also nun gesehen, welche Bandbreite an Aufgaben im Vertrieb bewältigt werden muss und welche Charakterzüge aus zwei gänzlich verschiedenen Kompetenzfeldern dabei hilfreich oder sogar notwendig sind. Wenn wir nun also einen Schritt weitergehen wollen, bringen wir diese beiden Positionen zusammen. Philosophisch betrachtet handelt es sich bei der Exploration um die These und bei der Exploitation um die Antithese. These und Antithese sind so etwas wie gegensätzliche Behauptungen – in unserem Fall stehen sich Vorgehensweisen und Charaktermerkmale gegenüber, die sehr verschieden sind. Nun wollen wir beide in der sogenannten Synthese zusammenbringen und vereinen. Da wir im Vertrieb ohnehin beide Seiten brauchen, wollen wir also sehen, ob nicht durch die Verbindung etwas entsteht, das sowohl unserem Unternehmen als auch unseren Kundinnen und Kunden nützen kann.

In der Wissenschaft wird eine Vereinigung von Exploration und Exploitation Ambidextrie oder Ambidexterität genannt. Was bedeutet das aber? Wie viele Fachbegriffe kommt es aus dem Lateinischen, wobei »ambo« beide und »dexter« die rechte Hand meint. In die Umgangssprache übersetzt wird es mit »Beidhändigkeit«. Das meint so viel wie, dass man sowohl die explorative als auch die exploitative Hand gleich gut benutzen kann.

Die Ambidextrie auf Individuen zu beziehen, also als Charaktereigenschaften in einer einzelnen Person zu suchen, würde zur Lösung aller Personalprobleme und der Geburt des idealen Vertriebsmitarbeiters führen: Er oder sie ist strukturiert und effizient, darüber hinaus flexibel, anpassungsfähig und hochkreativ. Außerdem kann diese Person jede der einzelnen Aufgaben im Vertriebsprozess alleine bewältigen. Des Weiteren ist sie die Verkörperung der individuellen charakterlichen und fähigkeitsbezogenen Ambidextrie, ein generalisierter Experte und gleichzeitig ein Generalist mit höchster Expertise in allen Bereichen.

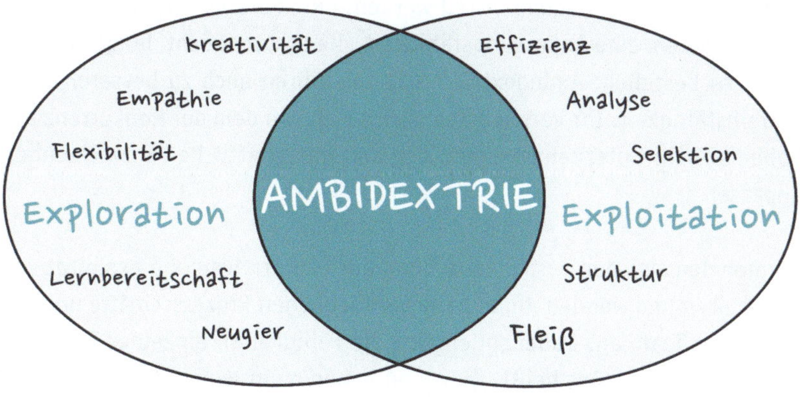

Abbildung 3: Zusammengenommen ergeben explorative und exploitative Fähigkeiten Beidhändigkeit (Ambidextrie).

Sie merken natürlich, dass ich vollkommen übertreibe. Diese individuelle Ambidextrie gibt es sehr selten. Tatsächlich sehe ich in meinem geschäftlichen Alltag allerdings viele Unternehmen, die genau so eine Person suchen: fachlich auf dem Niveau eines Technikers, empathisch wie ein Therapeut, investigativ wie ein Kommissar und schlagfertig wie ein Politiker. Kurz: die vertriebliche Eier legende Wollmilchsau. Bei der Suche kann man nur viel Glück wünschen.

Dabei ist es gar nicht so schwierig: Die Lösung liegt darin, zu erkennen, dass wirklich guter Vertrieb mit den heutigen Anforderungen im B2B, welcher produktorientiert, nutzenorientiert, kundenzentriert und wertebasiert ist, nicht mehr von einer einzigen Person alleine bewältigt werden kann. Wir ziehen denselben Schluss wie bereits erläutert: Was Sie brauchen, ist ein Vertriebsteam.

Eine Ambidextrie im Sinne von der Vereinigung exploitativer und explorativer Fähigkeiten innerhalb des Unternehmens strukturell zu verwirklichen, ist eine Strategie, die Unternehmen generell einsetzen sollten, die allerdings nicht nur im Vertrieb oft vernachlässigt wird. Die sinnvoll herbeigeführte Ambidextrie hilft dabei, sowohl effizient nach vorhandenen Methoden zu arbeiten, als auch nötige Innovationsfreiräume zu schaffen, in denen neue Methoden ermittelt werden. Durch dieses Vorgehen entsteht unter anderem eine Anpassungsfähigkeit, die es ermöglicht, langfristig am Markt zu bestehen. Ambidextrische Teams führen auch zu besserer Wettbewerbsfähigkeit. Ihr Vertriebsteam wird sich von dem der Konkurrenz abheben und Ihr Unternehmen kann sich den wirtschaftlichen Entwicklungen anpassen.

Wir nehmen also den Zusammenschluss aus explorativen und exploitativen Tätigkeiten und wenden ihn auf alle vertrieblichen Prozessschritte und auf das ganze Team an. Dabei sollen sich die Fähigkeiten einzelner Teammitglieder ergänzen. Das heißt, die einen haben mehr explorative Charakterzüge, die anderen mehr exploitative. Dadurch schaffen wir eine Erhöhung der Gesamtqualität unserer Leistung im Vertrieb. Wir sorgen also für unsere eigene Effizienz und unsere eigene Anpassung an die sich verändernden Anforderungen des Marktes. Ich möchte nun eine Neuigkeit vorschlagen: Lassen Sie uns die Auswirkungen und positiven Effekte dieser Konzentration auf beidhändige Vertriebsmethoden nicht nur für uns selbst nutzen. Der Mehrwert, den diese Effekte mit sich bringen, soll auf eine höhere Stufe gehoben und als Ganzes auch dem Kundenunternehmen zur Verfügung gestellt werden.

Ein gutes beidhändiges Vertriebsteam analysiert die Herausforderungen und Probleme des Kundenunternehmens und entwickelt gemeinsam mögliche Lösungsszenarien. Je nach Prozessschritt ist es sinnvoll, Mitarbeiterinnen mit explorativen oder solche mit exploitativen Zügen einzusetzen. Das Team als Ganzes kann dann zusätzlich zur Analyse der Kundenwünsche auch durch seine eigene Erfahrung Lösungen entwickeln und weiß durch vergleichbare Situationen, was eventuell gut zum Kunden passt. Die dadurch entstehende erweiterte Perspektive von ambidextrischen Teams führt zu einem ganzheitlichen Verständnis und schließlich zur besseren Lösung des Kundenproblems. Das Team nutzt seine Erkenntnisse und Fähigkeiten dazu, für den Kunden Mehrwert zu generieren, diesen darzustellen und anzubieten. Das Team ist eine Art Wegbegleiterin, die den Interessenten dabei unterstützt, sich eine eigene, fundierte Meinung zu bilden. Dabei soll dieser das Produkt oder die Dienstleistung selbst erfahren und erleben können. Nur so kann er auch wirklich bewerten, ob der Kauf sein Unternehmen weiterbringt. Nur nachdem diese Bewertung stattgefunden hat und der Kunde oder die Kundin sich selbst vom Nutzen überzeugen konnte, statt davon überzeugt zu werden, soll der Einkauf stattfinden.

Richtig: Ich spreche hier bewusst von einem Einkauf, nicht von einem Verkauf. Der Kunde soll selbst entscheiden können, ob er kauft oder nicht. Allerdings muss diese Entscheidung gut begründet sein. Wir stellen dem Kunden sämtliche von uns gewonnenen Informationen über die Dienstleistung, deren erwartbaren Nutzen, Kosten und sonstige kaufmännische

Daten zur Verfügung. Zu keinem Zeitpunkt im Prozess sucht das Team die vorrangige und schnelle Lösung, die sich an einen Kunden am leichtesten verkaufen ließe. Stattdessen suchen wir immer die nachhaltige Lösung, die am besten zum Szenario des Kunden passt. Eine solche Haltung legt meiner Meinung nach die Grundvoraussetzung für eine beständige Kundenbeziehung und modernen Vertrieb.

2.2 Pair Selling als neues Konzept für vertriebliche Arbeit in Teams

Wir haben soeben gesehen, dass neuer Vertrieb immer ein Team benötigt. Für komplexe und erklärungsbedürftige Produkte kann der Verkaufsprozess nicht in nur wenigen Schritten von nur einer Person durchgeführt werden. Lange war Verkaufen keine Teamleistung und in den meisten Unternehmen wird auch heute noch der ganze Vertriebsprozess von Einzelpersonen abgedeckt. Hierfür gibt es mehrere Gründe:

Der Status quo

Erstens: »One Face to a Customer« ist bis heute eine Regel, die viele Firmen für richtig halten. Der Verkäufer repräsentiert die Firma und steht als Einzelner für das Ganze. Im Englischen heißen Verkäufer deshalb auch Sales Reps oder Sales Representatives.

Zweitens: Produkte durch Persönlichkeit (Stichwort Starverkäufer) verkaufen. Im digitalen Zeitalter verliert der Einfluss der Persönlichkeit im B2B immer mehr an Bedeutung und Beziehungen gewinnen an Wichtigkeit. Durch reines Imponiergehabe und manipulative Überzeugungsversuche verkauft heute niemand mehr etwas. Das heißt, Kaufentscheidungen des Kunden werden nicht durch Beeinflussung seitens des Verkäufers getroffen, sondern dadurch, dass das Produkt überzeugt und der Verkäufer dem Käufer die Freiheit lässt, an der Entscheidung teilzuhaben. Denn dem Verkäufer kommt nun nicht mehr alleine die Rolle des Experten zu. Das liegt wiederum daran, dass die Kundin oder der Kunde sich im Netz selbst informieren kann. Es kann unter Umständen vorkommen, dass die potenzielle Kundin über das Produkt und den Markt mehr weiß als die Verkäuferin. Um in diesem Fall erfolgreich zu sein, muss sich der Verkäufer durch den Aufbau einer Beziehung der potenziellen Kundin annähern und darf nicht versuchen, durch die Hervorhebung der eigenen Person oder des eigenen Wissens die Kaufentscheidung zu beeinflussen.

Drittens: Der Buddy-Vertrieb. Lange Zeit war das Netzwerk des Vertrieblers entscheidend. Es ging also darum, welche und wie viele Firmenkontakte und Buddys ein Vertriebler in anderen Unternehmen hatte. Die Daten waren eine Form von Macht. Verließ der Verkäufer das Unternehmen, nahm er seine Kunden mit.

Wie funktioniert das System des Pair Selling?

Um den Status quo zu überwinden und modernen Vertrieb zu kultivieren, setzt das System des Pair Selling konsequent auf den Aufbau von skalierbaren Vertriebseinheiten statt auf einzelne Starverkäufer. Skalierbar bedeutet in diesem Fall, dass, sobald das System der Vertriebseinheiten etabliert ist, weitere Einheiten für weitere Produktsparten, Regionen, Länder und Märkte geschaffen werden. Aber was bedeutet Pair Selling nun eigentlich? Durch meine Erfahrung im IT-Bereich habe ich mich vom dort üblichen Pair Programming inspirieren lassen: So teilen sich in großen Softwareunternehmen oft zwei oder drei Programmierer einen einzigen Arbeitsplatz und einen oder mehrere Bildschirme. Der Sinn davon ist die Erkenntnis, dass Fehler letztlich mehr Geld kosten als es Arbeitskräfte tun. Den Fehler aufzuspüren, zu beheben und im schlechtesten Fall dem Kunden kommunizieren zu müssen, ist ein Vorfall, dem man nicht zu oft begegnen sollte.

In der Softwareentwicklung vermeidet man deshalb den sogenannten Single Point of Failure. Das bedeutet, dass der Ausfall eines Bestandteils eines (technischen) Systems nicht den Ausfall des gesamten Systems nach sich ziehen darf. Die Konsequenz daraus ist, dass man Redundanzen schafft:

Wenn ein System ausfällt, kann ein anderes den Ausfall kompensieren und das System bleibt funktionsfähig. Das gilt sowohl für technische Systeme als auch Teams. Manche Softwareunternehmen ziehen bei Besetzung von Stellen tatsächlich drei Junior-Entwickler dem einen Senior-Entwickler vor. Letzterer hat vielleicht mehr Erfahrung, aber von Ersteren kann einer ausfallen und trotzdem ist die Produktivität an dieser Stelle noch immer gewährleistet. Der Senior mag seltener Fehler machen. Aber wenn er es tut, wird es ein langwieriger Debugging-Prozess. Die drei Junioren an einem Arbeitsplatz kontrollieren und korrigieren sich gegenseitig noch vor dem Deployment, vor der Auslieferung ihrer Programmteile, und vermeiden so große Fehler.

So lässt sich auch im Vertrieb arbeiten: Wenn Fehler im Vertriebsprozess entstehen, scheitern Verkäufe. Fehlende Verkäufe führen zu Umsatzeinbußen und können weit größere finanzielle Herausforderungen nach sich ziehen als es Personalkosten tun, die ja üblicherweise gut kalkulierbar sind. Auch Fehler im Vertrieb, etwa nicht einzuhaltende Zusagen an das Kundenunternehmen, die zum Vertrauensverlust führen, verursachen hohe Kosten und können in einem Sales-Team mit Vier- oder gar Sechs-Augen-Prinzip vermieden werden.

Pair Selling bedeutet also, dass mehrere Mitarbeiter in verschiedenen Vertriebsrollen parallel in Prozessschritte involviert sind und diese gemeinsam bearbeiten und kontrollieren. Ob es sich dabei um ein Paar, also zwei Mitarbeiter, oder mehrere Personen handelt, hängt von der Komplexität des Produkts und von den Fähigkeiten des Teams ab. Ich spreche hier übrigens ganz bewusst von Rollen. Es geht nicht um Stellen oder feste Positionen. Andersherum gesagt: Eine Person kann auch mehrere Rollen einnehmen. Allerdings sind diese – wie wir sehen werden – nicht beliebig kombinierbar, denn sonst würde das Mehraugenprinzip und damit die gegenseitige Korrektur und Fehlervermeidung scheitern.

Arbeiten im Team: Die vertriebliche Rollenverteilung

Ich möchte Ihnen einige der möglichen Vertriebsrollen vorstellen, die sich meiner Erfahrung nach als nützlich für den Aufbau von Vertriebseinheiten erwiesen haben. Eine Rolle darf nicht mit einer Position im Unternehmen verwechselt werden. Rollen sind viel mehr wie Kleiderstücke, in die wir schlüpfen können. Ein Kleiderstück können wir auch wieder ausziehen und uns dem nächsten widmen. Rollen legen keine bestimmte Hierarchie fest. Dennoch gibt es Rollen, die besser von jüngeren und welche, die besser von erfahrenen Mitarbeiterinnen wahrgenommen werden können.

Die im Folgenden genannten Rollen können in den meisten Fällen eins zu eins übernommen werden. Selbstverständlich sind aber auch andere Rollen denkbar. Wichtig ist jedoch, dass Sie die Rollen der vorhandenen Mitarbeiter schwerpunktmäßig nach deren Fähigkeiten verteilen.

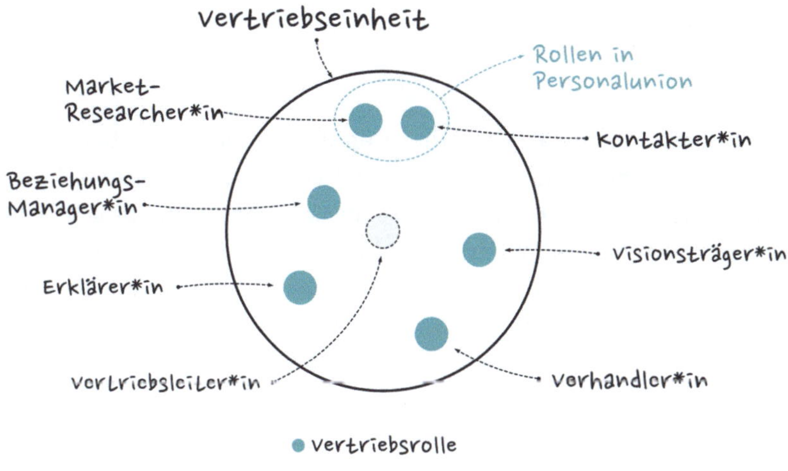

Abbildung 4: Die vertrieblichen Rollen in einer Vertriebseinheit.

a) Market-Researcher:in

Die Rolle der Market-Researcherin hat die Aufgabe, innerhalb des Verkaufsprozesses Spuren zu potenziellen Kunden aufzunehmen (sogenannte Leads). Sie nutzt hierfür den Entwurf der erstellten Target-Company (dazu mehr in Kapitel 3) und sucht aktiv nach deren Entsprechung in der Realität. Sie übernimmt das Vorbild der entworfenen Ansprechpartner (Buyer Personas) und findet tatsächliche Personen in den Target-Companys, die deren Charaktereigenschaften und Bedürfnisse besitzen. Durch neue Erkenntnisse am Markt und Rückmeldung durch die Kontakter entwickelt sie sowohl die Target Company als auch die Buyer Persona weiter. Diese Rolle eignet sich gerade für junge Vertriebskräfte, da ihre Tätigkeiten gut nach festen Vorgaben gelernt und ausgeführt werden können. Auch wenn es zunächst aussehen mag, als ob diese Rolle erforschend tätig ist, so ist lediglich die Konzeption der Buyer Persona explorativ. Die klare Struktur und gute Skalierbarkeit weisen deutlich auf den exploitativen, nutzbar machenden Charakter dieser Rolle hin. Sie wird gerne mit der des Kontakters kombiniert. Warum, werden wir noch sehen.

b) Kontakter:in

Der Kontakter oder die Kontakterin ist für den Erstkontakt zuständig. Die Kernkompetenz dieser Rolle besteht darin, Menschen anzusprechen, die zuvor vom Unternehmen und dem Produkt oder der Dienstleistung noch wenig wussten. Der Kontakter initiiert den Beziehungsaufbau und findet heraus, was in diesem Moment konkret für diesen einen potenziellen Kunden interessant ist. Er arbeitet mehr mit der in Kapitel 1.5 erläuterten Nein-Akzeptanz als mit einer Einwandbehandlung, da Letztere meist als manipulativ wahrgenommen wird und es ja darum gehen soll, herauszufinden, ob wirklich Bedarf und Bereitschaft zur Veränderung besteht. Der Kontakter kümmert sich daher ebenfalls um Termine mit dem Kunden und kommuniziert konkrete nächste Schritte. Er sorgt dafür, dass die Kommunikation mit dem Kunden niemals abreißt. Die berühmten Wiedervorlagen oder Follow-ups sind ein wichtiger Ansatzpunkt.

Diese Rolle ist überwiegend exploitativ. Oft nimmt der Kontakter auch die Rolle des Market Researchers ein, weil er dadurch die gesammelten Informationen gleich verarbeiten und direkt den jeweiligen Lead anrufen kann. Beziehungsmanager nehmen in bestimmten Situationen ebenfalls zusätzlich die Rolle des Kontakters ein.

c) Beziehungsmanager:in

Die Aufgabe des Beziehungsmanagers in Richtung außerhalb des eigenen Unternehmens ist es, die Beziehung zum Kunden zu entfachen und aufrechtzuerhalten sowie proaktiv zu handeln, das heißt den Kunden zu kontaktieren, bevor dieser ihn bezüglich Nachfragen oder Ähnlichem kontaktieren muss. Die Beziehungsmanagerin ist diejenige, die auch die Bedarfsanalysen durchführt sowie durch intelligentes Fragen auch Probleme und Schmerzpunkte beim Interessenten erkundet. Durch diese empathische Ausrichtung auf den Kunden baut der Beziehungsmanager eine vertrauensvolle Beziehung zum Kunden auf. Innerhalb des Unternehmens oder der Vertriebseinheit hält der Beziehungsmanager mit den Mitgliedern des eigenen Teams Rücksprache. Er pflegt außerdem das CRM und überwacht wichtige Meilensteine des Vertriebsprozesses.

Die Beziehungsmanagerin kann, wie bereits erwähnt, auch gleichzeitig eine Kontakterin und sogar eine Market-Researcherin sein. Tatsächlich sieht man diese Doppelrolle allerdings eher selten. Das liegt daran, dass der Beziehungsmanager sehr explorativ arbeitet, während die vorangehenden Rollen durch ihren exploitativen Charakter ein anderes Skillset benötigen.

d) Erklärer:in

Der Erklärer oder die Erklärerin ist die inhaltliche oder technische Expertin und weiß alles über das Produkt oder die Dienstleistung. Im Idealfall hat sie zur Entwicklung des Produktes maßgeblich beigetragen. Wichtig für diese Rolle ist neben der inhaltlichen Expertise auch die Offenheit in der Kommunikation. Die Erklärerin hat die Macht, von ihrem eigenen Produkt abzuraten, sollte es nicht zum Kunden passen. Hierdurch entsteht, bei der richtigen Vermittlung, eine fundierte Vertrauensbasis. In der Konsequenz wird auf die Empfehlungen der Erklärerin gehört und ihren Ratschlägen vertraut.

Die Tätigkeiten in dieser Rolle sind eher exploitativ und wenden Erfahrung und Wissen an. Die Rolle sollte strikt von den eher methodisch arbeitenden Rollen Market-Reseacherin, Kontakterin und Beziehungsmanagerin getrennt sein. Der Erklärer ist eine technische Rolle und benötigt solides Fachwissen. Oftmals sind die Erklärer Menschen, die eigentlich nichts mit Vertrieb zu tun haben und auch nichts damit zu tun haben wollten. Oft sind sie allerdings überrascht davon, wie leicht ihnen diese Rolle fällt, denn sie tun etwas, das sie im Normalfall sehr gut können: Ehrliche Aussagen über das Produkt kommunizieren, das sie selbst mitentwickelt haben.

e) Visionsträger:in

Der Visionsträger oder die Visionsträgerin ist nicht nur vom Produkt oder der Dienstleistung überzeugt – sie brennt dafür. Meist übernimmt der Geschäftsführer, die Gründerin oder ein begeisterter Mitarbeiter oder Entwickler diese Rolle. Es können aber ebenso gut auch Referenzkunden sein, die das Produkt bereits im Einsatz haben und davon begeistert sind. Frei nach Augustinus kann jemand nur »das Feuer in anderen entfachen, wenn er selbst brennt.« Die Kraft der eigenen Leidenschaft und Vision in dieser Rolle ist unentbehrlich für das Überzeugen des Interessenten. Potenzielle Kunden brauchen nämlich oft andere Menschen, die bereits selbst überzeugt sind. Die Wortherkunft »bezeugen« erklärt hier den Vorgang der Überzeugung ganz gut. Jemand legt sozusagen Zeugnis über die Qualität einer Sache ab. Das ist übrigens auch der Grund dafür, dass der Vorgang des Überzeugens nicht in den ganz frühen Phasen des Verkaufsprozesses gelingen kann.

Diese Rolle ist sowohl explorativ als auch exploitativ und sollte mit keiner anderen Rolle kombiniert werden.

f) Verhandler:in

Die Verhandlerin führt inhaltliche Verhandlungen und Preisverhandlungen mit dem Kunden oder der Kundin. Für diese Rolle ist es sehr wichtig, die kaufmännischen Daten der verhandelten Position genau zu kennen, aber auch bestens über die Inhalte des Produkts und das Szenario des Kunden Bescheid zu wissen. Verhandeln ist nämlich keine situative, reaktive oder gar spontane Kunstform, sondern eine Art Handwerk mit klaren Regeln und Vorgehensweisen (wir widmen uns der Verhandlung noch näher in Kapitel 6). Die Verhandlerin ist eine Art Mediatorin oder Chefunterhändlerin, die dem Verkaufsteam und dem Kunden gegenüber möglichst neutral ist. Sie ist emotional nicht in das Produkt oder die Dienstleistung involviert wie etwa die Entwicklerin oder der Visionsträger. Warum? Verhandlungen müssen immer sachlich und möglichst ohne viel Emotionalität geführt werden. Oft genug kommt es bei unerfahrenen Verhandlern vor, dass die Verhandlung auf eine zwischenmenschliche Ebene rutscht und die Kundenbeziehung dann gefährdet wird. Die zu wahrende Neutralität und Sachlichkeit ist auch der Grund, warum diese Rolle in unserem Ensemble eine exklusiv besetzte ist. Die Person, die diese Rolle einnimmt, hat sonst keine andere Rolle im selben Prozess oder Projekt. Sie kann aber durchaus der Beziehungsmanager, Erklärer, Kontakter oder Market-Researcher einer anderen Vertriebseinheit sein. Sollte in der Verhandlung etwas schiefgehen und die Kundenbeziehung gefährdet sein, kann ein neutraler Verhandler aus dem Spiel genommen werden, ohne dass es für den Rest des Teams große Nachteile hätte.

g) Vertriebsleiter:in

Im Pair Selling wird kein Vertriebsleiter benötigt. Allerdings gibt es dafür ein paar Voraussetzungen:

Es muss Erstens, ein gut implementiertes CRM-System geben, aus dem man Berichte über die wichtigsten KPI (Key Performance Indicators) und weitere Kennzahlen ziehen kann. Und Zweitens müssen Regeln dazu aufgestellt werden, welche Daten es einzutragen und zu pflegen gilt. Außerdem muss es, drittens, ein eigens dafür angestelltes Mitglied des Teams geben, das für das Controlling verantwortlich ist, in diesem Fall also dafür, zu überprüfen, ob das CRM von allen Beteiligten korrekt gepflegt wird.

Wenn diese Voraussetzungen gegeben sind, dann sind alle Daten für jedes Teammitglied einsehbar und es braucht niemanden mehr, der sie verwaltet und auf ihrer Grundlage für alle anderen entscheidet. Auch das Wissensmanagement in der Abteilung, oder besser in der Vertriebseinheit, kann durch eine Softwarelösung geleistet werden und benötigt keine zentrale Autorität. Die Aufgaben (ver) teilung wird ebenfalls vom Team selbst organisiert. Dafür benötigt man tatsächlich keine hierarchisch höherstehende Autorität. Die Mentorenfunktion, die erfahrenen Vertriebsleitern oftmals zukommt und die hilfreich und sinnvoll ist, lässt sich bei Bedarf als neue Rolle etablieren. Sie kann etwa von einer erfahrenen Mitarbeiterin übernommen werden, wenn zum Beispiel jüngere Mitarbeiter im Team sind, die mehr Unterstützung brauchen. Darüber hinaus benötigt man aber nicht zwingend eine leitende Funktion.

Bestimmt gibt es noch Vertriebsleitungsfunktionen in Ihrem Unternehmen. Diese können aber aufgelöst und in die entsprechenden Vertriebsrollen eingebunden werden. Ich möchte erwähnen, dass ich dadurch niemanden degradieren oder von Brot und Lohn nehmen möchte. Das Ziel ist lediglich, die Leitung wieder in eine leistungsabhängige operative Rolle zu bringen. Und ja, es findet eine bewusste Neuverteilung der Macht durch die Einführung dieser modernen Strukturen statt. Es werden Menschen dagegen sein, weil Veränderung nicht immer unseren Vorlieben entsprechen mag. Man wird diese Veränderung allerdings kaum aufhalten können. Der Prozess der Neuen Arbeit hat längst begonnen. Die Frage ist also nicht mehr, ob sie die Vertriebsleitung abschaffen wollen, sondern wann. Mein Vorschlag eines New Sales ist für Sie direkt anwendbar. Er lautet »Der König ist tot, es lebe das Team«. Sie brauchen keine leitende Funktion mehr. Denn die Vertriebseinheit kann sich im Sinne eines soziokratischen Systems am besten selbst organisieren. Wie das funktioniert, werde ich gleich näher erläutern.

2.3 Das Ende der Vertriebsabteilung: Die neue Agilität und Selbstorganisation im Vertrieb

Am Beispiel des Vertriebsleiters habe ich eben angerissen, warum es aus inhaltlicher und fachlicher Perspektive keine Vorgesetzten für ein Vertriebsteam braucht. In diesem Kapitel will ich erläutern, weshalb gerade der Vertrieb prädestiniert ist, in selbstorganisierten Teams zu arbeiten und damit neuartige Vertriebsstrukturen ohne klassische Vorgesetztenfunktion zu etablieren. Die Philosophie des New Work mit der Forderung, das Konzept Arbeit der gesellschaftlichen liberalen Ordnung anzupassen, ist kein schnelllebiger Trend, sondern eine Entwicklung, die meiner Meinung nach nicht mehr aufzuhalten ist. Krisen wie die weltweite Covid-19-Pandemie haben diese Entwicklung weiter beschleunigt, weil nun Unternehmen gezwungen waren, sich schnell mit neuen Arbeitsmethoden und Organisationsmethoden auseinanderzusetzen. Dabei geht es allerdings nicht nur darum, arbeitsfähig zu bleiben und auch zum Beispiel ortsungebundene Positionen anzubieten, sondern den Transfer von bisherigen analogen Geschäfts- und Vertriebsmodellen in neue Konzepte zu gewährleisten. Dies gelingt nicht ohne die Reorganisation der unternehmerischen Strukturen.

Klassische Chefs werden nicht mehr gebraucht

Nun ist die Forderung, ein Unternehmen ohne Chefs aufzubauen, ein ganz schön ambitioniertes Unterfangen, das gebe ich zu. Ein zuvor klassisch hierarchisch geführtes Unternehmen auf eine flache oder selbstorganisierte Struktur umzustellen, ist es umso mehr, das weiß ich aus Erfahrung. Auch ich kannte vor der Gründung meiner Unternehmen nichts anderes als die hierarchische Beziehung von Vorgesetzten zu Untergebenen – Befehlshaber und Befehlsempfänger. Daher war die Umstellung in meinen eigenen Unternehmen mit viel Trial and Error verbunden. Die wichtigste Erkenntnis, die ich selbst daraus gewonnen habe, ist, nicht zu viel auf einmal umzustellen. Zu meiner eigenen Überraschung muss ich sagen, dass sich gerade der Vertrieb perfekt dafür eignet, eine neue Ordnung in einem abgesicherten Modus wachsen zu lassen. Später lässt sich diese Ordnung dann auch in andere Teile des Unternehmens übertragen. Gerade hier im B2B-Vertrieb sind nämlich viele positive Effekte für die Mitarbeiterinnen und Mitarbeiter, das Produkt, die Kunden und letztlich das gesamte Unternehmen zu erwarten, wenn von autoritären Top-down-Strukturen in Abteilungen auf soziokratische Varianten in Einheiten oder Teams umgestellt wird. Das liegt daran, dass die Einheiten kompakter sind, Ergebnisse schnell auswertbar werden und die Eigenverantwortung klar artikuliert wird. Eine solche Einheit ist wie ein Unternehmen im Unternehmen, das eigene Ziele und Ergebnisse vorantreibt.

Die neue Organisation des Vertriebs durch Soziokratie

Kurz zur Begriffsklärung: Die eher autoritären Strukturen kennt wahrscheinlich jeder; Entscheidungen werden hier immer von oben (Vorgesetzter, Chefin) nach unten (Mitarbeiter, Angestellte) getroffen, also Top-down oder vom Leader zum Follower. Sowohl Ressourcen-Entscheidungen (Geld, Zeit, Personal) als auch inhaltliche Entscheidungen werden folglich nicht von den Menschen getroffen, die direkt von ihnen betroffen sind.

In soziokratisch organisierten Einheiten, Teams oder Unternehmen gilt das Prinzip der individuellen Gleichberechtigung und der gemeinsamen Entscheidung. Wir werden gleich noch sehen, was das bedeutet. Die Soziokratie ist ein Konzept aus der Systemtheorie, das seit Mitte des zwanzigsten Jahrhunderts in der Reformpädagogik angewendet wurde. Es dauerte allerdings mehr als ein halbes Jahrhundert, bis sie als Praxis auch in Unternehmen umgesetzt wurde. Heute ist die Soziokratie auch oft unter dem Namen Holokratie zu finden, die von Brian Robertson als kommerzielles System entwickelt wurde. Ich werde mich hier aber auf die Grundlagen der Soziokratie stützen und ansonsten meine eigenen Erfahrungen und Erkenntnisse mit selbstorganisierten Teams erläutern. Seit der Jahrtausendwende wird die soziokratische Organisation übrigens auch oft im Zusammenhang mit Lean Management und agilen Methoden angewandt, die vor allem in Start-ups und nun auch zunehmend im Mittelstand und in Konzernen eingesetzt werden.

Was heißt aber nun Soziokratie? Ihr Name bedeutet frei übersetzt so viel wie gemeinsame Herrschaft, und das erklärt ihren Inhalt ja bereits ganz gut. Es herrschen also nicht mehr die Vorgesetzten, sondern die Führung wird gemeinsam organisiert. Dass sie zum Prinzip hat, Entscheidungen gemeinsam zu fällen, habe ich oben bereits erwähnt. In der Praxis bedeutet das, dass sich das Team zusammensetzt und über zu treffende Entscheidungen diskutiert. Diese werden am besten in kleinen, leicht umsetzbaren Schritten getroffen. Denn bei großen, grundlegenden Veränderungen besteht die Gefahr, dass kein Konsent (Achtung: nicht Konsens mit »s«) aller gefunden wird.

Anders als in der Demokratie, wo die Mehrheit eine Entscheidung dadurch fällt, dass jedes Individuum eine Stimme hat, mit der er oder sie dafür oder dagegen stimmen kann, wird in der Soziokratie nicht nach Mehrheit, sondern durch Argumentation und Diskussion entschieden. Das heißt, wer gegen eine Entscheidung ist, muss dies mit guten Argumenten darlegen und vertreten. Erst, wenn niemand im Team mehr Einwände gegen eine Entscheidung vorbringt, wird diese Entscheidung auch gemeinsam getroffen. Das nennt man in der Soziokratie dann Konsent, was vom englischen Wort »consent«, Zustimmung, kommt.

Es zählen also nicht Stimmen, sondern Argumente. Und am Ende entscheidet nicht die Chefin, sondern das Team selbst. Diesem Team, in unserem Falle einer Vertriebseinheit, verleiht diese Ermächtigung großes kreatives und innovatives Potenzial und den einzelnen Individuen ein großes Mitbestimmungsrecht und eine hohe Selbstwirksamkeit. Das nützt nicht nur der Zufriedenheit der Mitarbeiterinnen und Mitarbeitern, sondern auch dem Produkt und dem Kunden. Eine in einem interdisziplinären Team gemeinsam erörterte und getroffene Entscheidung ist mit hoher Wahrscheinlichkeit eine bessere als eine, die mit der Mehrheit der Stimmen oder gar von einer einzelnen, in der Abteilungshierarchie höherstehenden Person getroffen wurde. Das Prinzip, als Chef alles zu wissen und allen zu sagen, wo es langgeht, hat ausgedient.

Wegen guter Führung entlassen

Es gibt selbstverständlich ein paar Voraussetzungen dafür, dass diese Organisationsmethode auch funktioniert. Die berühmten flachen Hierarchien zum Beispiel sind ein großes Hindernis für eine soziokratische Struktur und für die Ermächtigung aller Teammitglieder, auch wenn das zunächst paradox klingt. Flache Hierarchien sind oft so angelegt, dass es innerhalb der Abteilung zwar keine Hierarchie mehr gibt, der Abteilung aber nach wie vor ein Vorgesetzter vorsteht, was im schlechtesten Fall nur noch eine Hierarchiestufe übrig lässt: die Geschäftsführung. Das führt oft dazu, dass niemand in der Abteilung weiß, wer wem wann etwas zu sagen hat und wie man sich durchsetzt; wie Entscheidungen getroffen werden und wie die Regeln sind. Diese flache Hierarchie lähmt in der Folge jegliche Produktivität und jeglichen Entscheidungsprozess. Letztlich entscheidet dann also doch wieder alles die Abteilungsleiterin oder der Geschäftsführer, der wie ein Monarch über der Abteilung aus einander gleichgestellten Mitarbeitern steht. Und das, obwohl sie oder er vom laufenden Projekt wahrscheinlich von allen am wenigsten Ahnung hat. Wir haben lange gebraucht, um die Monarchie oder gar die Diktatur aus unserem gesellschaftlichen Leben zu verbannen. In vielen Betrieben herrscht sie noch heute, und zwar für jeden, meist vierzig Stunden in der Woche.

Die Kenntnis und Einhaltung der Regeln einer selbstorganisierten Struktur ist also extrem wichtig. Genauso wichtig ist aber der Führungsstil etwaiger Vorgesetzter. Allein aus rechtlichen Gründen sind Vorgesetzte in den meisten Unternehmensformen gar nicht wegzudenken, und das muss auch überhaupt nicht sein. Wichtig ist nur, dass sie lernen, richtig zu führen und sich ihrer Kompetenzen aufrichtig bewusst zu sein. Das ist sowohl für das Funktionieren der Rollen im Pair Selling als auch für das Funktionieren selbstorganisierender Einheiten (an Stelle von Abteilungen) ausschlaggebend.

Die Aufgaben von klassischen Vertriebsleitern sind vor allem Führung und Kontrolle. Für Letztere haben wir bereits am Beispiel des Pair Selling gesehen, dass sich Einheiten durch die Einteilung in Rollen in genügendem

Maße selbst kontrollieren können. Kontrolle und Entscheidung von außen ist hier gar nicht mehr nötig.

Die Machtübertragung von Entscheidungsbefugnissen an viele Einzelne, das Empowerment der Mitarbeiter zum selbstständigen Handeln und Entscheiden ohne übergeordnete Kontrolle funktioniert aber auch nur dann, wenn etwa die Rollen nach wirklicher Kompetenz der einzelnen Personen zugeordnet werden. Jeder und jede muss wissen, was in welchem Moment zu tun ist, ohne auf die Anweisung eines Vorgesetzten zu warten. Die Bewertung dieser Kompetenz oder Expertise sollten das Team und seine Mitglieder gemeinsam vornehmen. Das fordert und fördert offene und klare Kommunikation. Denn wenn Rollen und Aufgaben nicht gemeinsam klar definiert werden, führt das wiederum zu Missverständnissen und unklaren Zuständigkeiten.

Im Pair Selling wird letztlich auch die direkte Führung überflüssig. Denn mit Übertragung der Macht kommt für die Teammitglieder die Übernahme der Verantwortung hinzu. Alle haben dieselbe Verantwortung für das Funktionieren des Teams. Nur so kann sich wirklich eine Identifikation mit dem Team und ein Wirgefühl einstellen – an Stelle eines Wir-gegen-die. In der Praxis hat sich zudem gezeigt, dass heterogene, interdisziplinär besetzte Teams aus Frauen und Männern viel harmonischer und effizienter arbeiten als homogene.

Wenn Sie gerade oder zukünftig planen, ein Vertriebsteam um sich herum aufzubauen, achten Sie darauf, dass Sie ein paar Regeln befolgen, die Führungskräfte in soziokratischen Strukturen ausmachen. Bisherige Führungskräfte wandeln ihre Rolle oft zum Coach, zum Mentor und Moderator um. Die neue Führungskraft versteht ihre Aufgabe darin, den Rahmen zu setzen, damit das Team sein volles Potenzial entfalten kann. Sie ist sich bewusst, dass die eigene Kompetenz Grenzen hat. Glücklicherweise profitiert die neue Führungskraft vom Know-how und den Erfahrungen anderer. Hat sie gerade jemanden geführt, also ihr Wissen und Erfahrungen übertragen, so ist sie auf den umgekehrten Transfer eines anderen Fachbereiches und einer anderen Kategorie angewiesen. Ermutigen und ermächtigen Sie Ihre Mitarbeiter und Mitarbeiterinnen im oben erläuterten Sinne zu Selbstbestimmtheit, Vertrauen, Verantwortung und Entscheidungsfähigkeit – solange diese natürlich die nötigen Fähigkeiten für ihre Aufgabe mitbringen, damit Kenntnisse an Sie und andere Mitarbeiter weitergegeben werden können . Geben Sie selbst Kontrolle und Macht ab. Auch wenn Sie manches vielleicht besser wissen, behalten Sie es für sich. Ihre Mitarbeiter müssen es selbst lernen. Und wenn diese in einer Sache eine höhere Expertise haben als Sie selbst, freuen Sie sich darüber. Nehmen Sie Ihr Ego etwas zurück. Ein Chef muss und kann heute nicht mehr alles wissen und alles ansagen. Das Know-all-tell-all-Denken ist überholt, denn Problemstellungen sind heute im B2B zu komplex, um hierarchisch von einzelnen Entscheidern gelöst werden zu können. Wenn alle Entscheidungen weiterhin über Sie laufen, jeder Prozessschritt von Ihnen abgesegnet werden muss und Sie jeden Mitarbeiter zum nächsten Schritt anweisen müssen, dann wird Ihre Vertriebseinheit nicht ihr volles Potenzial entfalten. Sind Sie Gesellschafter, Geschäftsführer oder Inhaber, gilt dies ebenso: Ihr Unternehmen wird dann ohne Sie nicht gut aufgestellt sein. Egal, ob Sie sich vielleicht einmal eine Auszeit nehmen möchten oder aus anderen Gründen selbst nicht mehr mitarbeiten wollen – ohne Sie wird nichts funktionieren.

Wenn Sie Ihr Team stattdessen so aufbauen, dass alle Mitarbeiter und Mitarbeiterinnen intrinsisch motiviert sind, also nicht von Provisionen gelockt werden, sondern ihre Aufgaben gern und aus Überzeugung erledigen; wenn jeder ermächtigt ist, mit den anderen gemeinsam Entscheidungen zu diskutieren und zu treffen; wenn Sie sich zurücknehmen können und trotzdem nicht alles zusammenbricht – wenn Sie sich also mit dieser Art der Teamführung quasi selbst überflüssig gemacht haben, beweisen Sie damit Ihre Qualitäten als Führungskraft. Sie können sich als neues Teammitglied in der Vertriebseinheit willkommen heißen und sich in Ihrer Funktion als Vorgesetzter wegen guter Führung frühzeitig selbst entlassen.

Selbstorganisierte Teamarbeit in der Vertriebseinheit

Nachdem sich der Chef oder die Chefin also selbst gefeuert hat und Ihre Organisation aus Führenden verschiedener Kompetenzen besteht, lassen Sie uns ein selbstorganisiertes Vertriebsteam, eine Vertriebseinheit, aufbauen. Eine solche Einheit besteht meist aus drei bis fünf Mitarbeiterinnen und Mitarbeitern, denen die schon im Kapitel über das Pair Selling (2.2) vorgestellten Rollen zugeteilt werden. Das sieht dann folgendermaßen aus:

Der Researcher hat die Kompetenz für die Bereiche Markt, Ansprechpartner und Recherche inne. Das heißt, er entscheidet, welcher Lead ins CRM eingetragen wird und wo und wie detailliert recherchiert wird. Natürlich dürfen die anderen Rollen wie Kontakter, Erklärer, Visionsträger et cetera Feedback geben und Kritik üben. Die letzte Entscheidung trifft in seinem Ressort aber der Researcher. Der Kontakter entscheidet, wie vorgegangen wird: Wie sehen die Regeln für das Erstgespräch aus, wie geht man mit der Tonalität im Gespräch um? Wie reagiert man auf Vorwände und Einwände? Die Beziehungsmanagerin entscheidet über die Fragen, die Kunden gestellt werden, und die Methodik des Beziehungsaufbaus. Die Erklärerin ist Oberhaupt über die Demonstration und Didaktik, bestimmt also, wie das Produkt erklärt wird. Und der Visionsträger ist schließlich der Joker, die Trumpfkarte, die immer dann zum Einsatz kommt, wenn die Entscheidung des Kunden über den Kauf kurz bevorsteht. Der Visionsträger hat in gewisser Hinsicht die größte Freiheit, denn er entscheidet alleine, wie er in einem Termin mit dem Kunden vorgeht und welche Karten er ausspielt. Während Researcher, Kontakter und Beziehungsmanager meist direkt dem Vertrieb zugeordnet werden, können Erklärerin und Visionsträger aus anderen Abteilungen stammen und brauchen nur Teile ihrer Kapazitäten in die Vertriebseinheit einzubinden.

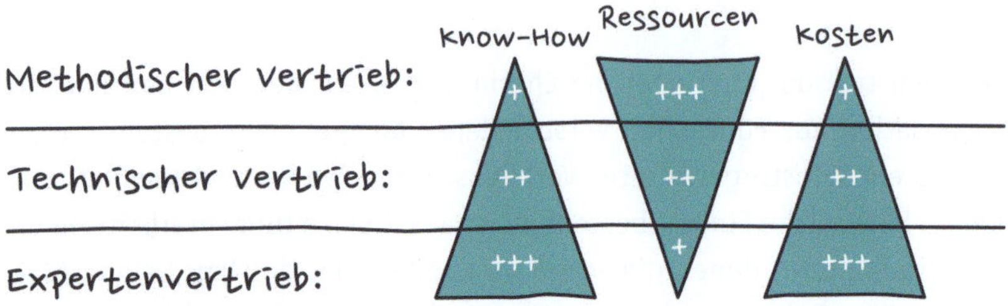

Abbildung 5: Vergleich des Aufwands in verschiedenen Arten des Vertriebs.

Bei der Zusammenstellung eines Teams kann man zum Teil auch auf weniger erfahrenes, aber dafür motiviertes Personal zurückgreifen, denn die Komplexität der Aufgaben ist klar definiert und jeder kann nach seinen Fähigkeiten eingeteilt werden. Dadurch kommen auch spannende Konstellationen zustande. Stellen Sie sich ein Team vor, in dem junge Berufsanfänger und erfahrene Mitarbeiter zusammenarbeiten. Nur, dass nicht automatisch der Berufsältere das letzte Wort hat. Es kann schon vorkommen, dass dann die Geschäftsführerin in der Rolle der Visionsträgerin, die TikTok nicht unbedingt für ein angemessenes Akquise-Instrument hält, von der jungen Mitarbeiterin in der Rolle der Researcherin überstimmt wird.

Ich kann Ihnen nur empfehlen, dieses Modell einmal auszuprobieren. Ich weiß, es gehört gerade als Vertriebsleiter oder Geschäftsführerin ein wenig Mut dazu, seine Angestellten oder Mitarbeiter mit Macht zu versehen und selbst die Kontrolle aus der Hand zu geben. Aber glauben Sie mir, durch dieses Empowerment (Verantwortungsübertragung) werden Ihre Mitarbeiter und Mitarbeiterinnen eine ganz neue Qualität ihrer Arbeit kennenlernen und dementsprechende Ergebnisse liefern. Das Gute ist ja, dass Einheiten relativ klein sind und Fehler eben keinen Zusammenbruch des ganzen Betriebs nach sich ziehen. Ich verspreche Ihnen, Sie werden erstaunt sein, was passieren kann, wenn Mitarbeiter Ihr Vertrauen in sie spüren und über sich hinauswachsen dürfen.

2.4 Agilität im Vertrieb

Widmen wir uns nun dem Vertriebsprozess an sich. Das neue Denken zeigt sich hier vor allem in der agilen Ausgestaltung des Vertriebsprozesses und der Zuordnung innerhalb der selbstorganisierten Teams. Hierbei orientieren sich die neuen Prozessschritte stark an der modernen Entwicklung von Produkten. Vertriebsstrukturen arbeiten dadurch im Gleichklang mit der Produkt (weiter) entwicklung und können wichtige Feedbackschleifen schaffen, was ich Ihnen im nächsten Abschnitt im Detail erläutern werde. Kommen wir aber erst mal zu den Grundlagen und Absichten der Agilität. Agile Methoden werden häufig bei der Softwareentwicklung eingesetzt, lassen sich jedoch sehr gut auf den Vertrieb übertragen. Was all diese Methoden nämlich gemeinsam haben, ist die Ausrichtung auf Anwender, Nutzerinnen, Käufer und Kundinnen und die bestmögliche Anpassung des Produkts an deren Bedürfnisse. Das wiederum ist doch genau, was unserer Erkenntnis nach ein guter Vertrieb leisten soll. Außerdem zeichnen sich agile Methoden durch ihre Flexibilität und Anpassungsfähigkeit aus, welche sie wiederum durch kurze, schnelle Arbeitsschritte erreichen. Diese führen schnell zu ersten Ergebnissen, auch wenn die vielleicht noch nicht perfekt sind. Mit möglichst minimalem Aufwand wird hier bereits die erste funktionsfähige Version eines Produkts geschaffen – man spricht vom MVP, vom Minimum Viable Product. Diese schnellen, vorläufigen Ergebnisse werden dazu eingesetzt, auch möglichst schnell das Feedback des Interessenten zu bekommen, wodurch wiederum das Produkt verbessert werden kann. Das nennt man iterativen Prozess. Das Gegenteil davon ist der unflexible, sequenzielle oder lineare Prozess, welcher bis heute Standard in den meisten Vertriebsabteilungen ist. Ein neuer, agiler Vertriebsprozess gliedert sich in acht große Themen. Diese acht Themen ähneln eventuell den Ihnen bekannten Vertriebsprozessen in Teilen. Die entscheidenden Unterschiede sind, dass die Prozessschritte wiederholt, auf sie zurückgegriffen und sie bei Bedarf sogar übersprungen werden können. Außerdem wird der Vertriebsprozess nicht von einer einzigen Person verantwortet und erbracht, sondern von Teams. Im Folgenden zeige ich Ihnen, was es in jedem Schritt zu tun gibt und welche Vertriebsrolle die jeweilige Aufgabe ausführt.

Schritt 1: Erstellung der Buyer Persona und der Target Company

Inhalt: Targeting und Entwicklung von idealen Käufertypen und Zielunternehmen.
Ausführende Rolle: Erstmalige Erstellung durch den Visionsträger, spätere Durchführung durch den Market Researcher.
Kontrolle: Verfeinerung und Rückmeldung durch Researcherin und Kontakter.

Schritt 2: Lead-Generierung

Inhalt: Recherche der vorgegeben Muster in der Wirklichkeit.
Ausführende Rolle: Market Researcher.
Kontrolle: Rückmeldung durch Kontakterin und Beziehungsmanager.

Schritt 3: Terminanruf (Appointment Call)

Inhalt: Persönliches Kontaktieren der Leads.
Ausführende Rolle: Kontakterin.
Kontrolle: Rückmeldung durch Beziehungsmanager.

Schritt 4: Bedarfsanalyse (Need Analysis)

Inhalt: Entdeckung des Bedarfs für Interessent und Verkäufer.
Ausführende Rolle: Beziehungsmanager.
Kontrolle: Rückmeldung durch Erklärerin

Schritt 5: Demonstration (persönliches Treffen oder virtuelle Zusammenkunft)

Inhalt: Vorführen des eigenen Produktes oder der Leistung.
Ausführende Rolle: Erklärer, Beziehungsmanagerin, Visionsträgerin.
Kontrolle: Rückmeldung durch dasselbe multiperspektive Gremium.

Schritt 6: Angebot

Inhalt: Leistungsbeschreibung und Plausibilisierung des Preises.
Ausführende Rolle: Beziehungsmanagerin, Erklärer.
Kontrolle: Rückmeldung von der Verhandlerin.

Schritt 7: Verhandlung

Inhalt: Harmonisierung möglicherweise gegenläufiger Interessen der verschiedenen Parteien.
Ausführende Rolle: Verhandlerin.
Kontrolle: Rückmeldung durch Erklärerin oder/und Beziehungsmanagerin.

Schritt 8: Abschluss

Inhalt: Befragung zum kommerziellen Kauf.
Ausführende Rolle: Beziehungsmanager.
Rückmeldung: Kunde.

Neben dem Inhalt sehen Sie, wer für welchen Schritt verantwortlich (also Chef des Schrittes) ist und wer als Kontrollorgan fungiert. Dies sind meistens Rollen, die im Laufe des nächsten Prozessschritts Feedback geben können, ob der vorherige Schritt korrekt ausgeführt wurde. So kann zum Beispiel der Beziehungsmanager Rückmeldung darüber geben, ob im Schritt Terminanruf die richtigen Ansprechpartner in die Bedarfsanalyse weitergeleitet wurden oder ob eventuell die Buyer Persona nicht getroffen wurde. Dadurch entsteht ein Vier- bis Sechs-Augen-Prinzip, das der Fehlervermeidung dient.

Die Frage, die Sie sich jetzt vielleicht stellen, ist: Funktioniert dieser agile, sich selbstorganisierende Prozess als Ganzes auch in der Praxis, und wie sieht er im Detail aus? Erfahrene Vertriebsmitarbeiter wissen, dass manch gute Idee im Detail eben doch scheitern kann. Warum sollte es hier also anders sein?

Lassen Sie mich Ihnen ein paar gewichtige Gründe aufzeigen:

Erstens: Der Prozess ist ein mehrstufiger Vertriebsprozess und baut dadurch Vertrauen auf, dass auf möglichst viele persönliche Touchpoints, also Kontaktpunkte mit dem Kunden, gezielt wird. Vertrauen wird unter anderem durch Kriterien wie häufige Präsenz und das Do-No-Harm-Prinzip, also die Absicht, dem Kunden in keiner Weise zu schaden, erreicht (auf dieses

Prinzip komme ich in Kapitel 4.4 noch zu sprechen). Ein aus der Psychologie bekanntes Phänomen namens Mere-Exposure-Effekt sorgt dafür, dass allein die Häufigkeit des persönlichen Kontakts zu einer Schritt für Schritt immer positiveren Wahrnehmung und mehr Vertrautheit zwischen den Kontaktpersonen führt. Der bloße Kontakt (mere exposure) sorgt durch seine Wiederholung also für positive Wahrnehmung, wenn der erste Eindruck stimmt. Man sucht also möglichst häufig den direkten kommunikativen Austausch mit seinen Leads und Interessenten, drängt sie jedoch niemals zu Entscheidungen oder übt unnötigen Druck aus.

Zweitens: Ein potenzieller Kunde steht durch den Prozess immer im Zentrum. Er bekommt alle Informationen, die er als Interessent, als Lead, als tatsächlicher Kunde in seiner jeweiligen Situation benötigt (vergleiche »Just-in-Time-Prinzip«, Kapitel 4.4). Dabei geht es nie um den direkten Verkauf. Wir verkaufen nicht um des Verkaufens willen. Wir verkaufen, um der potenziellen Kundin einen Mehrwert, einen wirklichen Nutzen zu generieren.

Drittens: Die einzelnen Prozessschritte bauen aufeinander logisch konsequent auf. Der Kunde entscheidet in jedem Schritt selbst, ob sie oder er in den nächsten Schritt gehen möchte, oder eben nicht. Damit qualifiziert sich ein Kontakt zum Lead, ein Lead zum Interessent, ein Interessent zum Käufer, ein Käufer zum langfristigen Bestandskunden.

Das Gleiche gilt auch für uns als Verkäufer. Eventuell disqualifiziert sich ein Lead durch bestimmte Kriterien und kann dadurch nicht als Interessent akzeptiert werden. Schließlich möchten wir nur mit Leads weiterarbeiten, bei denen realistische und begründete Verkaufschancen bestehen. Unser Verkaufsprozess wird somit zum Einkaufsprozess des Interessenten. Damit wird der letzte Punkt »Abschluss« oder »Closing« nur eine logische Konsequenz. Statt eine einzige Entscheidung am Ende des Prozesses zu treffen, sind viele einzelne Entscheidungen im Vorfeld getroffen worden. Das erleichtert potenziellen Kunden die letzte Entscheidung, nämlich die monetäre Kaufentscheidung, wesentlich.

Viertens: Der Interessent spricht immer mit dem jeweils kompetentesten Mitarbeiter im jeweiligen Prozessschritt. Dies gewährleistet das Pair Selling. Dadurch wird nicht nur das Produkt vorgestellt, sondern auch das eigene Unternehmen wird besser und menschlicher überzeugen können. Und das ist für eine Kaufentscheidung eben genauso wichtig.

Fünftens: Der Prozess muss nicht starr und muss nicht immer konsekutiv, also aufeinanderfolgend und aufeinander aufbauend abgearbeitet werden. Je nach Kundenszenario können Prozessschritte unterbrochen und angepasst werden. Auch können Schritte für potenzielle Kunden wiederholt werden, gerade wenn sich Kundenwünsche ändern oder neue Beteiligte auf der Kundenseite hinzukommen. Anstelle eines starren Prozesses dient diese Vorgehensweise als ein Grundgerüst, das genug Spielraum für agiles Handeln lässt. Vor allem bei den explorativen Tätigkeiten ist diese Flexibilität wichtig. Anstelle eines starren Prozesses setzt diese Vorgehensweise also auf agiles Arbeiten. Auf klassische, eher unbewegliche Vertriebsabteilungen wird verzichtet.

Agile Vertriebseinheiten befreien Sie vom Verkaufsdruck

Was ist nun der Nachteil an der klassischen Abteilungsstruktur? Zunächst einmal ist sie sehr alt. Die innerbetriebliche Arbeitsteilung stammt noch aus der Zeit der ersten industriellen Revolution, ist also mehr als zweihundertvierzig Jahre alt. Durch die Nutzung der Dampfmaschine wurden damals vor allem in der Textilindustrie die einzelnen Tätigkeiten spezialisiert und auf Abteilungen verteilt. Dadurch konnte die Effizienz gesteigert und die Produktion extrem angekurbelt werden. Obwohl wir heute über die Digitalisierung als die mittlerweile vierte industrielle Revolution sprechen, gelten viele Prinzipien aus der ersten noch heute. Nehmen wir als Beispiel doch einmal einen zeitgenössischen produzierenden Betrieb. Hier gibt es eine Entwicklungsabteilung, in der das Produkt konzipiert und weiterentwickelt wird. Eine Produktionsabteilung; hier wird das Produkt hergestellt. Und eine Vertriebsabteilung; hier soll es verkauft werden. Der Weg, die Richtung des Produkts ist klar und vordefiniert. Es geht nur in eine einzige Richtung:

Es handelt sich also um eine Einbahnstraße. Meist folgt dieser Richtung auch die Kommunikation: Die Produktion fertigt nach Zahlen und Vorgaben der Geschäftsführung, und was produziert ist, muss letztlich auch verkauft werden.

Die Verkaufsabteilung erfährt also unter Umständen einen sehr hohen Druck, die Lager zu leeren, und kann diesen Druck nur durch Verkäufe loswerden. Sie kann den Druck sozusagen nur nach außerhalb des Betriebs, also an den Interessenten oder Bestandskunden, abgeben. Sie verkauft um der Druckminderung willen, wenn wir bei diesem hydraulischen Vergleich bleiben wollen – oder eben um des Verkaufens willen. Vor der extrinsischen Motivation der Provisionen, die oft im Vertrieb einen große Rolle spielen, habe ich ja bereits gewarnt. Die Vertriebsabteilung muss also aus mehreren Gründen selbst dann verkaufen, wenn das Produkt noch nicht einmal besonders gut zum Kunden passt. Ja, sogar, wenn es Fehler hat. Sie ist dann gezwungen, diese Fehler schönzureden oder gar zu verschweigen. Das zu erwartende negative Feedback vom Kunden trifft dann wiederum nur die Vertriebsabteilung. Wichtige Marktkenntnisse gehen verloren, da etwaige Verbesserungsvorschläge von Kundenseite nie die Entwicklungsabteilung erreichen. Die Vertriebsabteilung ist eben meist nicht dazu vorgesehen, der Entwicklungsabteilung Verbesserungsvorschläge zu machen.

Warum agiles Denken im Vertrieb die Kommunikation im Unternehmen verbessert

Nicht nur den Verkauf physischer Produkte betreffen diese Schwierigkeiten. Ändern wir das Szenario doch auf einen Dienstleister. Das Problem bleibt bestehen: Die Vertriebsabteilung sollte der Interessentin bestenfalls eine Dienstleistung anbieten, die diese braucht und die wirklich nützlich für sie ist. Die Dienstleistung zu entwickeln, anzupassen und zu ändern, um diesen Ansprüchen gerecht zu werden, ist nun aber Aufgabe einer anderen Position, zum Beispiel des Managements. Und das Management hat, zumindest bei größeren Anbietern, im Verkauf normalerweise wenig bis gar keinen Kontakt zur Interessentin. Ich denke, Sie erkennen das Dilemma.

Die Lösung für dieses Dilemma kennen wir bereits aus dem vorigen Kapitel: Die organisatorische Fähigkeit, Vertriebsabteilungen abschaffen zu können, und der Aufbau von Vertriebseinheiten mit einer sinnvollen Verteilung der Rollen aus dem Pair Selling. Heben wir die Abteilungsgrenzen auf, kann beispielsweise ein technischer Spezialist auch eine vertriebliche Rolle übernehmen. Die eigentliche Vertrieblerin kann von ihm lernen, und er lernt von der Vertrieblerin. In welchem abteilungsgebundenen Szenario würde es sonst vorkommen, dass der Spezialist selbst Feedback über sein Produkt direkt von der Kundin bekommt, noch bevor es verkauft wurde – oder ihr selbst Rückmeldung zu ihren Wünschen oder Vorstellungen geben und direkt in Dialog treten kann? Der Vorteil einer Vertriebseinheit, in der auch der Spezialist für das zu verkaufende Produkt mitarbeitet, ist offensichtlich. In der Rolle des Erklärers, also des (technischen) Experten, trägt er maßgeblich zur Qualität des Verkaufsprozesses, zum Aufbau des Vertrauens und zur Zufriedenheit der Kundin bei. Und nicht zuletzt ist es durch diese Arbeitsweise auch der Vertrieb oder die Vertriebseinheit, die hilft, das Produkt weiterzuentwickeln, und die so ihren Teil zur Innovation im Unternehmen beiträgt. Auch dient die bestmögliche Nutzung der Expertisen von Mitarbeitern auf diese Weise dazu, für die Kundin oder den Interessenten den maximalen Mehrwert zu schaffen und gleichzeitig durch effizienten Ressourceneinsatz für das eigene Unternehmen gezielt Kosten einzusparen.

Wie agiler Vertrieb hilft, Produkte konstant zu optimieren

Pair Selling mit flexiblen Vertriebsrollen und soziokratisch organisierte Vertriebseinheiten ohne feste Abteilung stellen also die strukturelle Agilität im Vertrieb dar. Wie aber kann agiler Vertrieb auch dabei unterstützen die Produkte und Leistungen Ihres Unternehmens weiterzuentwickeln? Auch hier gibt es im agilen Produktdesign viele Denkmodelle, die uns als Vorbild für den Vertrieb dienen können. Darunter sind etwa das Design Thinking, die Start-up J Curve von Howard Love, das allseits bekannte Scrum oder die Lean-Start-up-Methode, die von Eric Ries erdacht wurde und auf dem Prinzip der Lean Production und des Lean Managements basiert.

All diese Modelle helfen, neue Erkenntnisse und Informationen über unser Produkt vom Kunden zu erhalten, welche direkt iterativ ins Produkt einfließen sollten. Produktentwicklung bei Scrum wird in die drei Säulen Transparenz, Überprüfung und Adaption unterteilt. Howard Love nennt die Schritte Create, Release und Morph und bei der Lean-Start-up-Methode nennen sie sich Build, Measure und Learn. Auch wenn es leichte Unterschiede und Verschiebungen zwischen den Methoden gibt, beziehen sich letztlich doch alle auf Folgendes: Erstens, es wird eine Hypothese aufgestellt (Unser Produkt passt zu Kunde XY). Zweitens, diese Hypothese wird durch Feedback vom Kunden geprüft, wird also bestätigt oder widerlegt (Nein, es passt nicht. Kunde XY fehlt noch Feature ABC). Und drittens, die Hypothese wird angepasst (Unser Produkt passt zu Kunde XY, wenn es durch Feature ABC ergänzt wird).

Was hier gerade auf ein einzelnes Produkt angewendet wurde, lässt sich ebenso gut auf unseren Vertriebsprozess beziehen. Ein konkretes Beispiel aus der frühen Phase des oben aufgezeigten Vertriebsprozesses:

Nehmen wir an, wir haben ein neues Produkt, welches wir auf den Markt bringen wollen. Zunächst erstellen wir einen idealisierten Ansprechpartner, eine Buyer Persona, für unser Produkt, das wir verkaufen wollen (Sie erinnern sich, das ist Aufgabe der Rolle Market-Researcher aus Kapitel 2.2). Das wäre also der erste Schritt.

Nun finden wir Ansprechpartner und rufen diese an. Doch allesamt sagen sie uns ab und haben keinerlei Interesse an dem Produkt. Das war unser Feedback, unser Schritt zwei, die Überprüfung im Scrum oder das Measure in der Lean-Start-up-Methode. Was machen wir nun? Nun, zunächst können wir unsere Zielgruppe und Buyer Persona verändern. Eventuell gibt es bei anderen Positionen mehr Akzeptanz für unsere Produkt. Also testen wir weitere Ansprechpartner.

In Schritt drei müssen wir also unsere Hypothese anpassen. Wir modifizieren die Buyer Persona, das heißt, wir ändern unser ideales Kundenmodell nach unseren Erfahrungen aus Schritt zwei. Und haben damit eine Schleife zurück zu Schritt eins vollzogen, wo wir erneut beginnen.

Diese konsequenten Überprüfungen und Auswertungen finden nicht mehr durch die handelnde Person selbst, sondern durch das Sales-Team statt. Das Ganze lässt sich auf jeden vertrieblichen Schritt anwenden. Sie können diese Schritte immer wieder in Schleifen durchschreiten, also iterativ. Und bei jedem Schritt wird Ihr Produkt ausgereifter, Ihre Dienstleistung besser an den Kunden angepasst, Ihrem Prozess etwas hinzugefügt. Das ist der Teil der Agilität, den man inkrementell nennt. Sie können Prozessschritte wie etwa die gerade beschriebene Überprüfung Ihrer Buyer Persona sogar skalieren und etwa auf mehrere Ansprechpartner in ein und demselben Unternehmen gleichzeitig anwenden. Haben Sie also einen oder mehrere Interessenten gefunden, beispielsweise für eine Dienstleistung, und sind im Verkaufsprozess schon vorangeschritten, spielt dieses iterative, inkrementelle Vorgehen immer wieder eine Rolle, egal ob bei der Bedarfsanalyse, der Demonstration, dem Angebot oder der Verhandlung (ich erkläre diese Aktivitäten in den folgenden Kapiteln noch genauer). Zentral ist dabei immer, dass der Kunde oder die Kundin im Mittelpunkt steht. Jeder Schritt dreht sich darum, dass Sie das Produkt für ihn oder sie passender und besser machen. Schritt für Schritt. Wenn Sie diesen Prozess erfolgreich durchführen wollen, ist der Kunde notwendigerweise eng in ihn eingebunden, also genau dort, wo Sie ihn brauchen. Führen Sie den Prozess transparent und im offenen Dialog durch, wächst nicht nur schon dadurch das Vertrauen des Kunden in Ihr Unternehmen, Ihr Produkt und Ihre Dienstleistung, sondern Sie erfahren ehrliche und authentische Rückmeldung für die Verbesserung Ihres Produktes.

3.

Target: Das Finden und Qualifizieren von Kundenkontakten

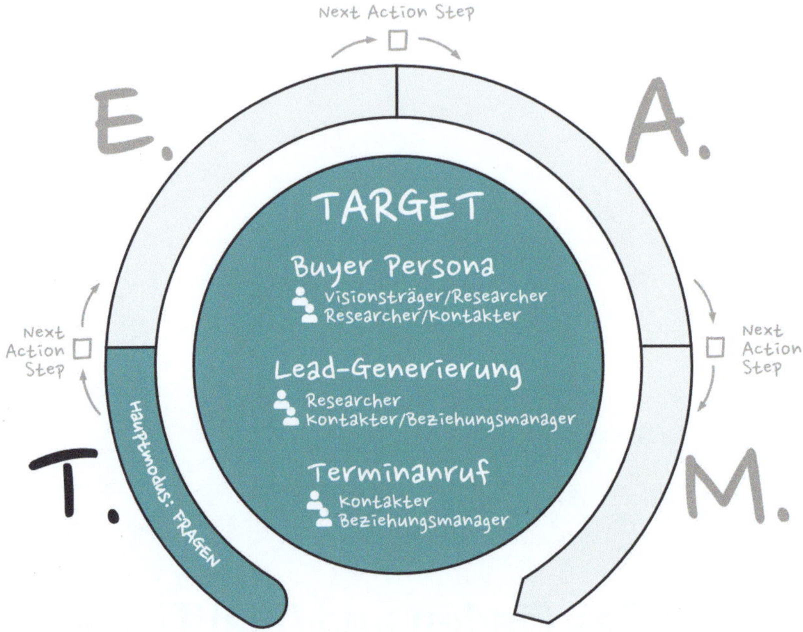

Abbildung 6: Der erste Schritt der T.E.A.M.-Methode: TARGET.

Nachdem die bisher erläuterten Voraussetzungen erfüllt sind, können wir mit dem ersten Schritt unserer Methode beginnen. Hierfür möchte ich Ihnen die Methode vorstellen, die mein Unternehmen GO FOR SALES im universitären Umfeld entwickelt hat. Sie ist theoretisch-wissenschaftlich untermauert, unzählige Male erprobt und hat sich in der hart umkämpften Business-to-Business-Vertriebswelt bewährt. Der Name T.E.A.M.-Methode steht hierbei als Akronym für die enthaltenen Prozessschritte. Als Wort steht der Begriff natürlich auch für den Hinweis auf die Personen, die den Prozess durchführen, und die Art, in der die einzelnen Aufgaben des Prozesses zu bearbeiten sind.

Das »T« steht für Target, um das es in diesem Kapitel gehen wird. Auf diesen Schritt folgen dann die Prozessphasen des Explore, Anticipate und Move, denen ich jeweils eigene Kapitel gewidmet habe. Befassen wir uns nun zunächst mit dem ersten Schritt.

Target nennen wir die Prozessphase im frühen Stadium des Verkaufs, in der es um das Eingrenzen, das Anvisieren und die Zielfindung von möglichen Kunden geht. Sie werden in diesem Teil sehen, dass wir durch die Konstruktion einer Buyer Persona einen fiktiven potenziellen Kunden entwerfen, den wir während der sogenannten Lead-Recherche in der Realität finden und ansprechen wollen. Eine andere Methodik, die ich Ihnen vorstellen werde, ist das Prinzip des Lieblingskunden: Aus einem bestehenden Fundus guter Kunden werden Erfolgskriterien entschlüsselt, definiert und dann durch die Rolle des Market-Researchers bei anderen Leads wiedergefunden. Der Ansprechpartner steht dabei als Mensch die ganze Zeit über im Mittelpunkt. Im darauffolgenden Appointment Call, der ersten telefonischen Kontaktaufnahme, überprüfen wir unsere These, dass dieser Kontakt auch zum Interessenten werden könnte. Wir beleuchten nun also die erste Stufe im Qualifizierungsprozess eines Leads vom noch wenig bekannten Kontakt zum tatsächlich kaufenden Kunden.

3.1 Auf Spurensuche: Die Lead-Generierung

Wie fangen wir also an? Wie finden wir den Weg zum Kunden? Wir brauchen eine Spur, der wir nachgehen können. Wenn Sie bereits mit dem Thema Vertrieb oder Marketing vertraut sind, wird Ihnen der Begriff »Lead« bekannt sein. Dieser Begriff ist allerdings mehrdeutig und wird von jedem Marketer oder Vertriebler anders benutzt. Manche bezeichnen damit schlicht einen Kontakt, andere sehen in ihm bereits einen Interessenten. Wieder andere definieren mit dem Begriff einen Vorinteressenten. Je nachdem, wen Sie nach dem Lead fragen, wird man Sie mit unterschiedlichsten Antworten konfrontieren. Fast jedes Unternehmen legt hier seine eigenen mehr oder weniger genauen Begrifflichkeiten fest. Deshalb möchte ich für uns Klarheit über diesen Begriff schaffen, damit Sie wissen, wovon ich spreche, und damit Ihr Vertrieb auf einer genauen Terminologie aufbaut.

Abbildung 7: Der Weg vom Lead zum Kunden.

Die Aufgabe der in Kapitel 2.2 definierten Rolle des Market-Researchers ist das Generieren, also das Suchen, Finden und Verarbeiten von Leads. Ein Lead kann, muss aber keine Person sein. Ein Lead ist definitiv noch kein Interessent und noch nicht unbedingt ein Kontakt. Lassen Sie uns das englische Wort »Lead« hilfsweise einfach einmal als »Spur« oder »Hinweis« übersetzen. Eine Spur führt auf ein Ziel zu. Dieses Ziel ist für uns zunächst definiert als die für unsere Verkaufsabsicht passende Ansprechperson in einem Unternehmen. Eine Spur selbst kann aus allem Möglichen bestehen. Sie kann ein Unternehmen sein, das bestimmte Produkte verkauft. Sie kann eine Werbeanzeige sein. Sie kann ein Hinweis auf einer Firmenwebsite sein. Sie kann eine Person mit bestimmten Interessen in einem sozialen Netzwerk sein. Jede Spur, die zu der passenden Ansprechpartnerin führt, die sich gegebenenfalls für das interessieren könnte, was wir verkaufen, ist ein Lead. Verstehen Sie sich als eine Art Spurensicherer in einem Kriminalfall. Jedes Haar, jeder Schuhabdruck ist ein Hinweis auf den Täter. Eventuell ist der Hinweis aber auch falsch und führt ins Leere. Das herauszufinden ist aber nicht Ihre Arbeit, sondern die des Kommissars. Sie müssen nur wissen, dass es eventuell relevant sein kann. Aber wie weiß man nun, ob etwas relevant ist und nach welcher Art Ansprechpartnerin man, zum Beispiel über soziale Netzwerke im Internet, überhaupt suchen sollte? Welche Eigenschaften muss die Person besitzen, damit sie für uns interessant ist, in welchem Umfeld und in welcher Position muss sie sein?

Persona als Modell für Ihren Wunschkunden

Ein etablierter Lösungsansatz hierfür ist wie bereits erwähnt die Persona. Dieser Begriff kommt ursprünglich aus dem antiken Theater und entspricht dem lateinischen Begriff »Gesicht« beziehungsweise steht für eine Theatermaske. Schauspieler konnten durch das Aufsetzen solcher Masken besser ihre Emotionen im Theaterstück ausdrücken und Ihrer Rolle entsprechen.

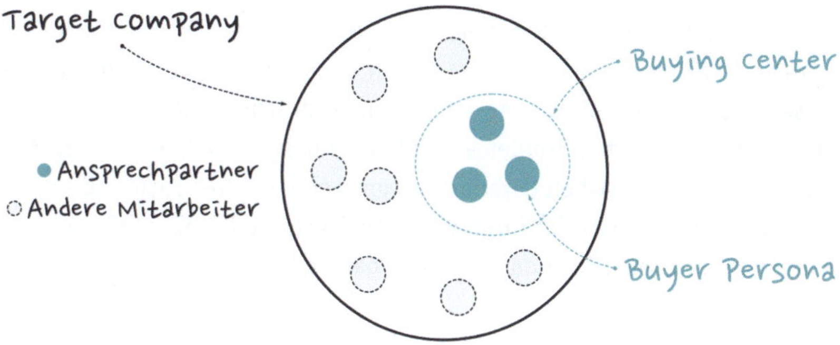

Abbildung 8: Target Company, Buying Center und Buyer Persona als Modelle der Realität.

Dem Zuschauer wurde es dadurch erleichtert, die Stimmung und Persönlichkeit der handelnden Personen zu begreifen. Dieses Konzept wurde vom modernen Marketing und der Produktentwicklung übernommen, um die traditionelle eher abstrakte Zielgruppe mit Gefühlen und Leben zu füllen. Neben demografischen Merkmalen ergänzt die Persona den psychologischen und persönlichen Kontext, der zum verkaufenden Produkt oder der Dienstleistung passt. Oft werden heute im Marketing sogar ganze Produkte nach den vorgestellten oder tatsächlichen Vorlieben solcher Buyer Personas modelliert. Daraufhin hofft man dann, dass die erdachte Zielgruppe des Produkts auch tatsächlich am Markt existiert und das Produkt auch wirklich kauft.

Etwas vereinfacht gesagt, ist die Buyer Persona das typische Abbild dieser Zielgruppe. Es ist eine fiktive, also erfundene Person mit eigenen Charakterzügen, einem bestimmten Alter, vielleicht Geschlecht, Arbeitsstelle, Position, bestimmten Vorlieben und so weiter. Und sie hat tatsächlich ein Gesicht. Dafür sucht man sich ein Foto aus Fotodatenbanken oder ähnlichen Quellen, das zur Liste von Eigenschaften, dem erstellten Steckbrief oder sogar einem ausgedachten Lebenslauf der Buyer Persona passt. Vertrauen Sie hier ruhig Ihrem Gefühl, Gesichter verraten unserer Intuition mehr über die Persönlichkeit, als wir oft annehmen. Die Buyer Persona wird dann so genau ausgearbeitet, dass man sich für sie sogar überlegt, was sie auf bestimmte Aussagen antwortet, wie sie in bestimmten Gesprächssituationen reagieren und welche Ansprüche, Probleme und Bedürfnisse sie haben könnte. Mich erinnert das bei der Arbeit daran immer ein wenig an Drehbuchautoren, die Charaktere und Figuren für ihren Film entwickeln und ihnen äußere Merkmale, innere Wesenszüge und sogar eine ganze Lebensgeschichte geben.

Sie können dieses Konzept der Buyer Persona zusätzlich noch erweitern, indem Sie ihre Figur als Mitarbeiter oder Mitarbeiterin in einer ebenso idealen, fiktiven Target Company einstellen. Die Konstruktion einer solchen Target Company funktioniert ganz ähnlich wie die der Buyer Persona selbst. Nur, dass es eben nicht um eine idealtypische Person, sondern um ein idealtypisches Unternehmen geht, für das man sich Größe, Standort, Produktspektrum, kaufmännische Kennzahlen et cetera überlegt. Wie die Buyer Persona sollte auch die Target Company so konstruiert sein, dass sie mit hoher Wahrscheinlichkeit Interesse und Bedarf an dem hat, was Sie verkaufen wollen.

Im nächsten Schritt versuchen Sie nun, reale Entsprechungen dieses fiktiven Unternehmens und des erdachten Ansprechpartners zu finden. Im Sinne der Agilität ist es am besten, Sie suchen nicht nur einen einzigen Ansprechpartner in einem Unternehmen, sondern recherchieren mehrere Möglichkeiten, Personen im selben Unternehmen zu erreichen. Meist sind an einer Kaufentscheidung nämlich ohnehin mehrere Mitarbeiter und Mitarbeiterinnen beteiligt. Diese Personen gehören zum sogenannten Buying Center. Es kann also nur von Vorteil sein, sie alle zu kennen und möglichst viele davon auch telefonisch erreichen zu können. Für den Kontakter ergibt sich dadurch der Vorteil, dass er dann nicht nur eine Möglichkeit pro Unternehmen, sondern mehrere Versuche zur Kontaktaufnahme hat. Schließlich möchte man die potenzielle Zusammenarbeit zwischen zwei Unternehmen nicht unbedingt nur auf eine einzelne Meinung stützen.

Das Internet bietet sich für die Recherche hierzu heutzutage natürlich als wunderbares Medium an: Firmenwebsites, die genaue Auflistungen und Beschreibungen von Produkten und Dienstleistungen enthalten; Berufsbezogene soziale Netzwerke, auf denen man direkt nach individuellen Interessen von Personen suchen kann; persönliche Profile von Mitarbeitern – also potenziellen Ansprechpartnern –, die auch noch genau angeben, in welchem Unternehmen sie in welcher Position arbeiten. Sie werden sehen, wie einfach es ist, hier unqualifizierte (noch nicht überprüfte und bestätigte) Leads, Vorinteressenten und potenzielle Ansprechpartnerinnen für die Erstansprache zu finden, die auf Ihre Buyer Persona passen.

Besser Lieblingskunden als Wunschkunden

Eine Variante des Prinzips der Buyer Persona, die ich Ihnen empfehlen möchte, ist das Konzept Lieblingskunde. Mir persönlich gefällt diese Vorgehensweise sehr gut. Genau genommen sogar besser als das traditionelle Konzept der Buyer Persona. Denn letzteres bleibt immer in gewissem Maße abstrakt und wegen seiner Konstruiertheit auch oft etwas wirklichkeitsfremd. Die Lieblingskundin stattdessen ist ganz konkret und real. Real deshalb, weil sie, im Gegensatz zur rein konstruierten Figur der Buyer Persona, auch tatsächlich existiert. Zumindest existieren reale Vorbilder. Beim Prinzip des Lieblingskunden greifen Sie nämlich auf Personen zurück, die Sie persönlich kennen. Das können Bestandskunden, Kontakte in anderen Unternehmen, Kolleginnen, aber auch private Bekannte oder Freunde sein.

Überlegen Sie sich, welche Personen Sie aus welchen Gründen mögen, mit wem sie gerne Zeit verbringen und mit wem sie gerne sprechen. Mit welchen Ihrer Kundinnen oder Kunden hat Ihnen die Zusammenarbeit besonders gefallen, welche Eigenschaften hat der- oder diejenige, die Sie besonders schätzen?

Gehen Sie einen Schritt zurück. Konstruieren Sie erst einmal keine Target Company. Verständlicherweise ist es verlockend, sich zu überlegen, welche Unternehmen aufgrund ihres Angebots als potenzielle Kunden für Sie infrage kommen. Der Weg zum Verkaufsabschluss scheint ja viel direkter, wenn Sie ein Unternehmen finden, das augenscheinlich Bedarf an Ihrem Produkt hat. Aber täuschen Sie sich hier nicht über die Wahrscheinlichkeiten. Letztlich werden Sie an eine oder an mehrere Personen verkaufen, nicht an ein Unternehmen, so sehr dieses zunächst auch zu Ihrem Angebot passend erscheint. Und mit dieser Person müssen Sie den gesamten Vertriebsprozess durchlaufen. Ob der Prozess mit einem Abschluss endet, hängt maßgeblich davon ab, dass Sie sich mit der Person gut verstehen, dass Sie einen Draht zueinander haben, dass die Chemie, die Kommunikation stimmt und dass Sie eine vertrauensvolle oder zumindest verlässliche Beziehung zueinander aufbauen können. Auch wenn sich unser Vertriebsbereich Business-to-Business nennt – letztlich begegnen hier immer Menschen anderen Menschen. Die Bezeichnung Human-to-Human ist also tatsächlich viel angemessener.

Stellen Sie Ihren Fokus also zuerst auf Menschen ein, nicht auf Unternehmen. Natürlich muss dieser Mensch dann auch in einem Unternehmen arbeiten, das zu Ihrem Angebot, zu Ihrem Unternehmensgegenstand passt. Aber das kann in einem nächsten Schritt geklärt werden. Sie sollten Ihr CRM, also die Software zur Verwaltung Ihrer Kundenkontakte, so einrichten und führen, dass es Ihnen möglich ist, auch persönliche Merkmale Ihrer bisherigen Ansprechpartner und Vermerke über die Kommunikation abzulegen. Dann können Sie diese Daten nutzen, um Ihren Lieblingskunden zu finden. Suchen Sie nach Personen, mit denen Sie gerne zusammengearbeitet haben, mit denen Sie Projekte erfolgreich und auf angenehme Weise abgeschlossen haben. Die Merkmale dieser Personen sammeln Sie und konkretisieren sie in Ihrem Lieblingskunden, der Persona des für Sie perfekten Geschäftspartners. Was Sie nun haben, ist also wieder eine Art Buyer Persona. Diesmal ist diese aber aus Ihrer Erfahrung und aus realen Charakteren entwickelt – nicht aus einer Zusammenstellung abstrakter Charaktermerkmale.

Sollten Sie noch keine Kundendatenbank, keinen solchen Bestand an Kundendaten haben – wenn Sie also beispielsweise ein Start-up gründen oder gerade erst mit dem Vertrieb beginnen –, dann nutzen Sie einfach die Erfahrungen, die Sie mit Ihren privaten Kontakten, mit Bekannten und Freunden gemacht haben. Im Laufe meiner Arbeit habe ich durch das Prinzip des Lieblingskunden festgestellt, dass die beruflichen Kontaktpersonen und Geschäftspartnerinnen, aber auch meine Mitarbeiter, mit denen ich am besten, erfolgreichsten und auch am liebsten zusammenarbeite, diejenigen sind, die ganz ähnliche Charakterzüge aufweisen, wie meine Freunde es tun. Eigentlich eine triviale Erkenntnis. Und doch muss man sie erst einmal haben.

Ich sehe es als einen wunderbaren Freiheitsgrad des Outbound-B2B-, oder besser Outbound-Human-to-Human-Vertriebs an, dass wir uns aktiv unsere eigenen Kunden und Kundinnen aussuchen können. Warum sollte man also seine wertvolle Zeit damit verbringen, sich mit Menschen zu umgeben, mit denen die Zusammenarbeit die reinste Qual ist? Würden wir uns das im privaten Umfeld antun, nur weil wir irgendwann einen Vorteil von einer derartigen Beziehung erwarten? Sind wir bei der Arbeit, verbringen wir die längste Zeit des Tages mit Kollegen – und im Vertrieb eben auch sehr viel davon mit Kunden. Viel mehr wahrscheinlich, als wir mit Familie oder gar mit Freunden zusammen sind. Wir sollten also den besagten Freiheitsgrad nutzen und diese Zeit für uns möglichst angenehm gestalten. Das ist nur vernünftig und hat nichts mit Hedonismus (reines Streben nach Lustgewinn) oder Bequemlichkeit zu tun. Menschen, für die Arbeit nur dann Arbeit ist, wenn sie keine Freude an ihr haben, werden mit Sicherheit keine guten Verkäufer oder Verkäuferinnen werden. Die Freude, die Sie an Ihrer Arbeit haben, wenn Sie es schaffen, mit Ihren Lieblingskunden zu arbeiten und die Beziehungen zu ihnen positiv zu gestalten, wird auf Ihre Kunden zurückwirken und Ihr gegenseitiges Vertrauen stärken.

Selbstverständlich werden Kunden nun nicht allein deshalb von Ihrem Produkt oder Ihrer Dienstleistung überzeugt sein, weil Sie so ein vertrauenserweckender Charakter sind. Ihre Aufgabe ist es, herauszufinden, ob die Lösung auch passend für den Kunden ist – und natürlich geht es am Schluss auch darum, Kosten und sonstige inhaltliche Dinge zu besprechen. Doch ohne das grundlegende Vertrauen, ohne eine gute Beziehung zueinander wird nicht nur der Verkaufsabschluss unwahrscheinlicher, auch der ganze Vertriebsprozess, Ihre ganze Arbeit wird viel mühsamer werden. Machen Sie es sich also etwas leichter und rufen Sie gleich Ihren Lieblingskunden an.

3.2 Der erste Eindruck bleibt: Die Erstansprache

Ich spreche ganz bewusst davon, dass Sie Ihren Lieblingskunden anrufen, also per Telefon kontaktieren sollen. Ich sage auch nicht Erstkontakt oder Erstanschreiben, ich sage Erstansprache. Schicken Sie ihm oder ihr also keine E-Mail. Ich weiß, viele finden das verlockend, und ich verstehe auch gut, warum. Man kann sich beim Verfassen der Mail Zeit nehmen, die Worte mit Bedacht wählen, einen guten Spannungsbogen aufbauen, eine spannende Story erzählen, ganz genau erklären, worum es geht – und das alles, ohne unterbrochen zu werden, ohne dass lästige Zwischenfragen gestellt würden, ohne dass wir vielleicht in Verlegenheit geraten, weil wir nicht die passende Antwort parat haben, und so weiter.

Aber mal ehrlich: Haben Sie dafür den ganzen Aufwand in der Recherchephase betrieben? Dafür in mühevoller Kleinarbeit eine Buyer Persona oder einen Lieblingskunden entworfen, in sämtlichen Berufsnetzwerken online nach seiner Entsprechung gesucht und vielleicht sogar gleich mehrere potenzielle Ansprechpartner gefunden? Sie haben so viel Zeit investiert, diese Person, ihre Eigenschaften, Interessen, beruflichen Funktionen und dergleichen kennenzulernen, noch bevor Sie das erste Mal mit ihr Kontakt aufnehmen. Und dann scheuen Sie sich vor dem ersten Anruf?

Nein, bei Ihnen ist das bestimmt nicht so – oder? Wenn nicht, wären Sie damit die absolute Ausnahme. In der Tat haben viele Menschen Angst davor, Personen, mit denen Sie noch nicht in Verbindung standen, anzurufen oder zu kontaktieren. Sogar viele von denen, die im Vertrieb arbeiten. Das berühmte Stichwort lautet Kaltakquise. Kaum ausgesprochen, geht bei diesem Wort für viele Menschen der Rollladen runter und der Puls hoch. Das Image dieser Maßnahme ist ja auch nicht wirklich gut und die Assoziationen, die der Begriff weckt, sind nicht besonders erfreulich. Ich verspreche Ihnen also: Es wird im vorliegenden Buch bei einer einzigen Erwähnung dieses Wortes bleiben. Skeptische Leser werden sich fragen, wie man ein Buch über Vertrieb schreiben kann, ohne es zu benutzen. Ich würde gerne darauf antworten: Weil man es nicht braucht. Erstens ist schon alleine das Wort nicht besonders hilfreich dabei, ein positives Mindset aufzubauen – und wir wissen bereits, wie wichtig das ist. Und zweitens ist es für unsere Zwecke geradezu falsch. Die Kontaktpersonen, die wir anrufen wollen, sind für uns keineswegs unbekannt, also kalt. Wir haben unsere Recherchearbeit schließlich so gewissenhaft erledigt, dass wir über jede unserer Ansprechpartnerinnen schon eine ganze Menge wissen.

E-Mails zur Erstansprache sind vielleicht gut für Massenmailings. Einmal verfasst und an zwanzigtausend Leads einer gekauften Liste versendet – mit Glück werden Sie überhaupt gelesen. Wie hoch wird die Wahrscheinlichkeit sein, so einen Adressaten in einen Interessenten und später sogar in einen Kunden umzuwandeln? Und was bedeutet das für die Wertschätzung, die dadurch Ihrem Produkt und Ihren Kunden entgegengebracht wird? Sicherlich wird man im Verlauf des Vertriebsprozesses auch E-Mails mit dem Kunden austauschen. Manche Dinge bedürfen eben einfach der Schriftform. Aber meine Erfahrung ist, dass selbst Dinge, die man vielleicht gerne schriftlich bestätigt bekommt, weil sie eine höhere Verbindlichkeit fordern

– Terminvereinbarungen etwa –, besser direkt und im persönlichen Gespräch miteinander geklärt werden. Warum? Weil die Kommunikation per Mail viel eher dazu tendiert, abzubrechen. Eine Mail nicht zu beantworten ist viel einfacher, als in einem Telefonat plötzlich nicht mehr weiterzusprechen oder gar einfach aufzulegen. Die schriftliche Verbindlichkeit ist also faktisch oft nur eine scheinbare. In Wahrheit ist die Verbindlichkeit, das Verpflichtungsgefühl (englisch: Commitment) in einem persönlichen Gespräch viel höher. Denn mit einem direkten Dialog ist ein viel größerer Vertrauensaufbau verbunden. Und mit der Nichteinhaltung einer Vereinbarung geht deshalb auch ein viel größerer Gesichtsverlust einher.

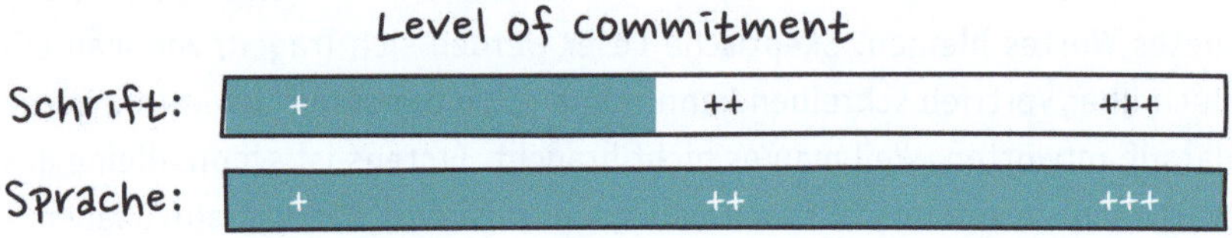

Abbildung 9: Die Verbindlichkeit ist im persönlichen verbalen Gespräch viel höher als in der schriftlichen Form.

Ein weiterer Punkt, den ich hier gerne verdeutlichen würde, ist das, was ich die Synchronität der Zeit nenne. Damit ist gemeint, dass beide Gesprächspartner den gleichen zeitlichen Aufwand im gleichen Zeitraum erbringen. Auch wenn es mich vielleicht viele Versuche kostet, bis ich meinen gewünschten Ansprechpartner am Telefon habe, so vergeht letztlich die Zeit des Gesprächs für meinen Kontakt in derselben Weise wie für mich selbst. Wir sind also synchron. Meine aufgewendete Zeit ist gleich seiner aufgewendeten Zeit. Anders bei der Kommunikation per E-Mail. Hier kann es vorkommen, dass ich eine Stunde lang eine perfekte E-Mail schreibe, diese dann aber nur überflogen oder erst gar nicht vom Ansprechpartner geöffnet wird. Hier wären die Kommunikation und die dabei vergehende Zeit asynchron. Zeitliche Synchronität ist in der Akquise aber ein wesentlicher Erfolgsfaktor. Deshalb ist der wohl wichtigste Satz dieses Kapitels der folgende: Die Währung der Akquise ist nicht Geld, sondern Zeit. Gewinnen Sie Zeit beim Kontakt, gewinnen Sie persönliche Aufmerksamkeit. Diese Aufmerksamkeit führt zu Offenheit Ihnen gegenüber und gegenüber Ihrem Produkt oder Ihrer Dienstleistung. Die Offenheit führt zu Veränderungsbereitschaft. Der Wille zur Veränderung führt zum Kauf.

Was Sie dafür einsetzen müssen, ist Ihr wichtigstes Werkzeug, Ihre Stimme. Erinnern Sie sich, wie ich zu Beginn dieses Buches davon gesprochen habe, dass Sie nicht viel mehr brauchen werden als dieses Werkzeug? Jetzt ist es Zeit, die Stimme aktiv und auf die richtige Weise einzusetzen.

Der Terminanruf

Auch wenn es gegebenenfalls lange dauert, bis Sie endlich einen Ansprechpartner oder eine Ansprechpartnerin am Telefon haben: Ihre Recherche war gut und ausführlich. Das heißt, die Wahrscheinlichkeit, dass Sie jemanden anrufen, der sich auch wirklich für Ihr Angebot interessieren wird, ist schon recht hoch. Viel höher, als sie jemals sein könnte, wenn Sie zum Beispiel mit gekauften Lead-Listen arbeiten. Selbstverständlich werden Sie noch immer mehr Absagen als Zusagen bekommen, das liegt einfach in der Natur dieser Anrufe. Selbstverständlich gibt es zu dieser Regel auch erfreuliche Ausnahmen. Insgesamt wird Ihre Conversion Rate (Wandlungsrate, also das Verhältnis von Zu- und Absagen der Leads zu einem nächsten Schritt) mit der richtigen Methode ganz automatisch steigen. Führen Sie bereits eine Vorqualifizierung der Leads in der Target-Phase durch und meistern dann noch Termingespräch und später Bedarfsanalyse, werden Sie ganz automatisch eine viel höhere Erfolgsrate verzeichnen können, als wenn Sie mit einer großen Menge an unqualifizierten Leads von gekauften Lead-Listen, mit Massenmailings oder mit Callcenter-Kampagnen arbeiten. Auch das liegt einfach in der Natur der Sache. Schon daran sehen Sie, dass wir nie über das Prinzip der großen Masse arbeiten, sondern immer über das der Qualität. Auch wenn das mehr Vorarbeit und höheren Aufwand bedeutet, es wird sich in der Summe lohnen.

Nun steht also der erste Anruf bevor. Wir haben möglichst mehrere Ansprechpartner recherchiert und wollen jetzt unsere These, dass der gefundene Kontakt auch ein geeigneter Kunde ist, an der Wirklichkeit messen und natürlich möglichst bestätigen. Doch bevor Sie den Anruf tätigen, gibt es noch weitere Vorbereitungen zu treffen. Zuallererst möchte ich Ihnen das erklärte Ziel des ersten Anrufes nennen: Es ist eine Terminvereinbarung. Wir rufen lediglich an, um den Termin für eine telefonische Bedarfsanalyse zu vereinbaren (zur Bedarfsanalyse erfahren Sie mehr in Kapitel 4). Die Vorstellung, schon beim ersten Anruf das Produkt zu pitchen oder gar einen Verkauf abzuschließen, ist unrealistisch und gehört nicht in den seriösen B2B-Vertrieb. Wir werden später noch sehen, dass es auch beim ersten Anruf in bestimmten Fällen bereits um mehr als nur eine Terminvereinbarung gehen kann, aber dazu gleich mehr. Lassen Sie uns zunächst das genannte Ziel festhalten. Aus diesem Grund nenne ich den Erstanruf auch gerne Terminanruf oder Appointment Call.

Egal, ob Sie als operativer Mitarbeiter oder Geschäftsführerin diesen Anruf tätigen – selbstverständlich sollte sein, dass Sie Ihrem Gegenüber mit Höflichkeit und Wertschätzung begegnen. Das halte ich für eine grundlegende zwischenmenschliche Regel, die ganz unabhängig von vertrieblichen Methoden überall gelten sollte, wo Menschen miteinander kommunizieren. Doch abgesehen davon wird sie Ihnen das Leben im Vertrieb erleichtern und Ihre Erfolgschancen erhöhen. Ich muss das einfach deshalb betonen, weil ich in meiner Arbeit als Businesscoach in Unternehmen leider des Öfteren andere Konzepte für den Erstanruf vorgefunden habe. In diesen wurde gerade gegen die Gatekeeper, also die Damen oder Herren an der Zentrale, die Rezeptionisten und Ähnliche, mit Geringschätzung vorgegangen. Die Erwartung dabei ist augenscheinlich und fälschlicherweise, dass durch die gespielte Autorität des Anrufers ein besseres Weiterkommen möglich sei. Meine Empfehlung ist, gehen Sie mit Ihrem Gegenüber am Telefon immer wertschätzend und menschlich um, egal ob Sie beispielsweise mit der Rezeption, einer Sekretärin oder bereits mit Ihrer Zielperson im Buying Center (Entscheidergremium) sprechen.

Der erste Eindruck ist meist der bleibende. Und fällt er negativ aus, wird er sich nur schlecht wieder ins Positive wenden lassen. Ich habe in Kapitel 2.4 ganz kurz den Mere-Exposure-Effekt erwähnt, der besagt, dass allein der häufige Kontakt mit einer Person oder einer Sache dazu führt, dass diese mit jedem Mal positiver wahrgenommen wird und das Vertrauen und die Sympathie wachsen. Leider gilt das nicht, wenn der erste Eindruck negativ war – dann nämlich wird durch wiederholten Kontakt die Abneigung jedes Mal größer, das ist empirisch belegt. Nicht zuletzt aus diesem Grund sollten Sie sich auf den Beginn des Gesprächs also besonders gut vorbereiten. Neben der Höflichkeit in der Umgangsform gehört dazu auch, inhaltlich über den Gesprächspartner und sein Unternehmen informiert zu sein. Nicht zuletzt dadurch können Sie Ihre Wertschätzung auf unaufdringliche Weise zur Geltung bringen. Viele Verkäufer machen den Fehler, Wertschätzung und Höflichkeit mit übertriebener Freundlichkeit und völlig überzogenen Floskeln zu verwechseln. Sie müssen Ihre Gesprächspartnerin nicht begrüßen, als sei sie eine alte Freundin, die Sie zehn Jahre lang nicht mehr gesprochen haben, und Sie müssen ihr auch nicht überschwänglich einen wunderwunderschönen, tollen guten Morgen wünschen. Seien Sie freundlich und gleichzeitig authentisch. Übertreiben Sie es nicht! Wie gesagt: Die gute Vorbereitung auf ein Telefongespräch ist immer Ausdruck von Wertschätzung. Zudem werden Sie sicherer in der Gesprächsführung sein, wenn Sie bereits vieles über den Gesprächspartner und sein Unternehmen wissen. Von Vorteil ist hierbei, wenn die vertrieblichen Rollen von Market-Researcher und Kontakter gut zusammenarbeiten, Sie also die Informationen zu Ihren Ansprechpartnern oder -partnerinnen gut übertragen oder gar selbst zusammengetragen haben. Allein dadurch werden Sie diese schnell und sicher abrufen können und zudem das Gefühl haben, Ihr Gegenüber bereits besser zu kennen.

Für den Gesprächseinstieg sollten Sie sich im Vorfeld immer überlegen, was Sie sagen wollen. Machen Sie sich eventuell Notizen, überlegen Sie sich, wie Sie sich vorstellen, wie Sie die Person ansprechen, wie Sie ihr Interesse wecken werden. Wenn Sie es für Ihr Sicherheitsgefühl brauchen, legen Sie sich einen Spickzettel mit diesem Einstieg und weiteren Gesprächsnotizen neben das Telefon. Aber lesen Sie beim Sprechen niemals, niemals ab. Solange Sie keine ausgebildete Sprecherin oder kein professioneller Sprecher sind, wird man es Ihrer Stimme anmerken, ob Sie frei sprechen oder ablesen.

Sie kennen vielleicht bereits die in manchen Vertrieben noch immer beliebten Telefonskripte. Telefonskripte sind vorformulierte Dialoge, nach denen Mitarbeiter, Kundenanrufe tätigen sollen und vom Blatt beziehungsweise Monitor ablesen. Ich kann Ihnen aus menschlicher Sicht von einem solchen Vorgehen nur abraten. Wenn Sie sich an das Skript halten, wird das Gespräch schnell unnatürlich. Und wenn Sie umgekehrt versuchen, ein natürliches Gespräch zu führen, wird Ihnen das Skript nichts nützen. Benutzen Sie, wenn überhaupt, einen Gesprächsleitfaden, der verhindert, dass Sie den roten Faden verlieren. Lesen Sie dabei aber niemals wörtlich ab. Halten Sie sich an den geplanten Verlauf des Gesprächs, aber sprechen Sie frei und reagieren Sie flexibel. Ein Skript sollte ausschließlich der Vorbereitung dienen. In unerwarteten Situationen muss man fähig sein, spontan und flexibel zu reagieren. Statt von einem Skript abzulesen, ist es sinnvoller, gut auf Eventualitäten vorbereitet zu sein. Haben Sie Mut, Fehler zu machen. Haben Sie auch den Mut, nicht immer perfekt zu formulieren. Sie erinnern sich an unser Kapitel über das Scheitern? Nicht durch eine Vorlage, sondern durch regelmäßige Übung werden Sie schneller lernen und besser werden. Ein bloßes Abarbeiten und Einhalten eines Skripts macht niemanden besser. Die Lernrichtung sollte daher immer weg vom Leitfaden, hin zu wirklicher Gesprächskompetenz führen.

Eine gute Vorbereitung für den Gesprächseinstieg besteht bereits darin, den Namen des Ansprechpartners zu kennen und schon einmal ausgesprochen zu haben. Besonders bei komplizierten Namen sollten Sie deren richtige Aussprache beherrschen. Wenn Sie wissen, dass Sie sich zum gewünschten Ansprechpartner von einem Gatekeeper verbinden lassen müssen, wenn Sie also keine direkte Durchwahl haben sollten, lernen Sie möglichst auch diesen Namen korrekt auszusprechen. Sollten Sie den Namen der Person am Telefon nicht verstanden haben, fragen Sie einfach nach und wiederholen Sie den Namen dann. So prägt er sich besser ein. Und ganz wichtig: Sprechen Sie Ihren eigenen Namen so deutlich aus, dass er auf jeden Fall verstanden wird. Begrüßen Sie die Person und machen Sie dann eine kurze Pause. Das ermöglicht es dem Gesprächspartner seinerseits, sich Ihren Namen einzuprägen. Deutlichkeit und Verständlichkeit sind zwei der Grundregeln für diesen Anruf. Sprechen Sie außerdem langsam. Sie selbst mögen diese Art Anruf viele Male am Tag durchführen, aber die Person am Telefon hört seinen Inhalt zum ersten Mal. Nehmen Sie darauf also Rücksicht.

Seien Sie außerdem vorbereitet auf Fragen, die Ihr Ansprechpartner oder Ihre Ansprechpartnerin stellen könnte. Selbst, wenn sie nicht ausgesprochen werden, so stehen sie aufgrund der Gesprächssituation doch immer im Raum. Dazu gehört als erstes der Grund Ihres Anrufs. Machen Sie diesen auch unaufgefordert auf interessante und wertschätzende Art deutlich. Eine schlechte Vermittlung dieses Grundes und ein denkbar ungeschickter Einstieg in das Gespräch wäre beispielsweise, der Gesprächspartnerin zu sagen, dass Ihre Firmenwebsite total veraltet und schlecht sei und Sie ihr deshalb gerne eine neue anbieten würden. Das wäre wenig wertschätzend und stößt sehr wahrscheinlich auf großen Widerstand. Sagen Sie stattdessen, dass Sie einige interessante Dinge auf der Firmenwebsite gesehen haben, über die Sie gerne in einem nächsten Telefonat sprechen würden. Ob Sie auf Nachfrage diese Dinge dann auch benennen, hängt davon ab, mit wem Sie sprechen – ob Sie einen sogenannten Inside Level Call oder einen Level Up Call führen. Dazu aber gleich mehr.

Weitere Fragen, die mit hoher Wahrscheinlichkeit auftauchen werden, drehen sich darum, weshalb Sie gerade diese Person anrufen und keine andere, woher Sie die Kontaktdaten wie etwa eine Durchwahl haben und was die Angerufene denn eigentlich für einen Nutzen vom vorgeschlagenen nächsten Anruf hat. Überlegen Sie sich bei der Vorbereitung des Gesprächs, welche Fragen auftauchen könnten, versetzen Sie sich in Ihren Gegenüber. Welche Fragen könnte Ihr Gesprächspartner stellen? Halten Sie die nötigen Antworten bereit. Viele dieser Fragen werden sich von Anruf zu Anruf wiederholen. Sie können Sie also gut sammeln und vorbereiten. Implizite Fragen, die zwar selten ausgesprochen werden, aber meistens mitschwingen, sind »Warum stören Sie mich jetzt gerade?« und »Wollen Sie mir etwas verkaufen?«. Versichern Sie deshalb immer, dass dieses erste Gespräch nicht lange dauern wird und es nur um die Vereinbarung eines Gesprächstermins geht. Genau das ist ja der Grund, warum wir überhaupt anrufen. Nämlich, um einen Termin für ein ausführlicheres Gespräch zu vereinbaren: Wir wollen niemandem unangemeldet wertvolle Zeit stehlen oder in diesem oder dem folgenden Gespräch etwas verkaufen. Vielmehr geht es darum, festzustellen, ob man zueinander passt und sich gegenseitig helfen kann.

Nicht zuletzt ist es im Terminanruf wichtig, dass Sie die Reaktionen der Ansprechperson und den Gesprächsverlauf einordnen und qualifizieren können. Das heißt vor allem, dass Sie bewerten müssen, wie stark das Interesse oder, im Gegensatz dazu, die Abneigung Ihres Gegenübers ist. Sie werden oft auf Widerstände in Form von Einwänden gegen eine Terminvereinbarung stoßen. Lernen Sie, diese Widerstände einzuschätzen. Welche davon sind eher Vorwände als Einwände, welche entstehen durch unpassende Gesprächsführung, welche resultieren aus Missverständnissen oder Unverständnis? Entkräften Sie keinesfalls alle Einwände sofort. Versuchen Sie stattdessen, diese zu verstehen und den Kontext zu erschließen. Eine solche Fähigkeit wird mit der Zeit entstehen und mit der Erfahrung wachsen. Ich werde Ihnen weiter unten zeigen, wie Sie auf bestimmte Einwände reagieren können. Tendenziell sollten Sie aber immer auch die schon vorgestellte Nein-Akzeptanz im Kopf behalten. Akzeptieren Sie ein Nein, wenn es ein begründetes ist – oder wenn es ein Ja ist, vereinbaren Sie als nächsten handlungsfähigen Schritt den Termin für die Bedarfsanalyse.

a) Der Level Up Call

Ich habe weiter oben ja bereits angekündigt, dass ich noch auf Unterschiede und Feinheiten eingehen will, denn es gibt verschiedene Strategiewege für eine erfolgreiche Akquise. Beim Level Up Call unterscheide ich die unterschiedlichen Hierarchieebenen zwischen Angerufenem und Anruferin. Diese Hierarchie kann eine künstliche sein. Beispielsweise, wenn die Anruferin unabhängig von ihrem tatsächlichen Produktwissen die Rolle einer Kontakterin ohne größere Expertise einnimmt und einen Entscheider, etwa den Geschäftsführer eines Unternehmens, anruft. Sie versucht dann lediglich, für ihre eigene simulierte Vorgesetzte (zum Beispiel die Beziehungsmanagerin) einen Termin zu vereinbaren. Über den Inhalt der Bedarfsanalyse oder Details zum Produkt muss sie nicht besonders viel wissen. Auch wenn wir in unseren eigenen Vertriebseinheiten keine Hierarchiestufen mehr kennen, simulieren wir sie gerne gegenüber den anzurufenden Personen. Das bringt kommunikative Vorteile. Ruft also die Kontakterin einen Entscheider an, sprechen wir von einem Level Up Call, weil die Hierarchiestufe des Anrufers auf die eine oder andere Art niedriger ist als die des Angerufenen.

Diese Konstellation hat geringe Nachteile. Der Angerufene könnte es zum Beispiel als unangemessen empfinden, dass die Anruferin ihm keine inhaltlichen Details erläutern kann. Auf der anderen Seite kann diese anscheinende Schwäche aber auch als Stärke genutzt werden. Durch die angekündigten weiteren Informationen im nächsten Gespräch entsteht eine Art Cliffhanger und der Ansprechpartner wird neugierig. Der Level-Unterschied kann also ein großer Vorteil des Level Up Calls sein. Das eigentliche Ziel des Terminanrufs kann so viel fokussierter verfolgt werden: Einen Termin für den Beziehungsmanager zu vereinbaren, ohne zu viel Zeit im ersten Anruf zu verbringen. Zudem werden Sie auf weniger Einwände treffen, da der Ansprechpartner verstehen wird, dass Sie nur für die Terminkoordination zuständig sind.

Als Anrufer im Level Up Call können und müssen Sie nämlich keine inhaltlichen Fragen beantworten und können immer auf den Vorgesetzten verweisen, für den Sie den Termin ja vereinbaren wollen.

Ein weiterer Vorteil des Level Up Calls ist seine gute Skalierbarkeit. Sie können beliebig viele Mitarbeiter verhältnismäßig leicht darin schulen, solche Anrufe zu tätigen und damit die Lead Generation sehr effizient gestalten.

b) Der Inside Level Call

Die zweite Variante des Terminanrufs ist der Inside Level Call. Wie Sie am Namen unschwer erkennen werden, handelt es sich um ein Gespräch auf derselben Hierarchiestufe, also auf Augenhöhe mit der Ansprechpartnerin, die wir erreichen wollen. Das kann sich auch nur auf die vertrieblichen Rollen beziehen: Der Anrufer übernimmt dann sowohl die Rolle des Kontakters als auch die des Beziehungsmanagers und vereinbart einen Termin für sich selbst. Es kann sich aber auch auf die Position im Unternehmen beziehen: Ein Entscheider, etwa der Vertriebsleiter (falls es ihn noch gibt) oder die Geschäftsführerin, ruft einen Entscheider oder Geschäftsführer des Zielunternehmens an.

Ein Vorteil des Inside Level Calls für den Angerufenen ist das größere Expertenwissen des Anrufers. Hierdurch können auftretende Fragen des Ansprechpartners bereits im ersten Gespräch geklärt werden. Das erhöht unter Umständen und bei manchen Ansprechpartnern die Chance, erfolgreich einen Termin für das nächste Telefonat zur Bedarfsanalyse zu vereinbaren. Durch die Ansprache auf Augenhöhe werden vom Ansprechpartner in solchen Telefonaten auch oft weniger Einwände und Vorwände vorgebracht. Gleichzeitig sind Gespräche im Inside Level Call aber inhaltlich etwas schwieriger zu führen. Denn Sie als Anrufer werden bereits in Ihrer Expertenrolle wahrgenommen und sollten dementsprechendes Detailwissen mitbringen, damit Sie inhaltliche Fragen und Fragen zur Relevanz für das angerufene Unternehmen zu diesem Zeitpunkt beantworten können.

Durch die höhere Komplexität sind Appointment Calls auf Inside Level schwieriger planbar. Ihr Verlauf und ihre Dauer können schlechter abgeschätzt werden als Level Up Calls. Auch sind sie weniger gut skalierbar. Sie als Entscheiderin oder Abteilungsleiter eines Unternehmens werden genügend andere Aufgaben haben, sodass die Anzahl der Terminanrufe, die Sie tätigen können, wahrscheinlich recht begrenzt sein wird. Viel effizienter ist es natürlich, für diese Aufgaben operative Mitarbeiter oder Mitarbeiterinnen einzusetzen.

Nichtsdestotrotz rate ich Mitarbeitern in leitenden Positionen und sogar Geschäftsführern immer wieder, Terminanrufe und Bedarfsanalysen auch gelegentlich selbst durchzuführen. Auch als Geschäftsführer können Sie problemlos in die Vertriebsrolle des reinen Kontakters schlüpfen. So bleiben Sie mit der Basis verbunden und zeigen Ihren Mitarbeitern, dass Sie sich nicht zu fein dafür sind, auch operative Arbeiten zu erledigen. Sie stärken die Beziehung zu Ihren Mitarbeitern und vergrößern das Verständnis für deren Belange und Probleme. Und auch Ihren prospektiven Kunden beweisen Sie damit maximale Wertschätzung.

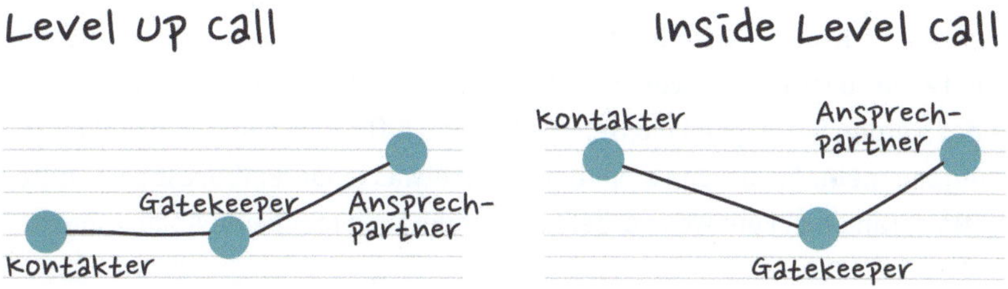

Abbildung 10: Beim Level Up Call sind Kontakter und Ansprechpartner auf unterschiedlichen Niveaus. Beim Inside Level Call sind sie auf dem gleichen.

Wie Sie mit Einwänden umgehen sollten

Ich habe oben davon gesprochen, dass Sie bereits im Terminanruf gut auf Fragen vorbereitet sein sollten und dass Sie in vielen Fällen Widerstand in Form von Einwänden und Vorwänden zu erwarten haben. Ihre Fähigkeit, diesen Widerstand einzuordnen und das tatsächliche Interesse des Gesprächspartners einzuschätzen und zu bewerten, ist ausschlaggebend für den Verlauf und den Erfolg des Gesprächs.

Wenn Sie, wie ich, in den Achtziger- und Neunzigerjahren aufgewachsen sind und computerspielaffin waren, kennen Sie vielleicht die berühmten schlagfertigen Erwiderungen des Monkey-Island™-Helden (und mächtigen Piraten) Guybrush Threepwood. Um die Schwertmeisterin zu besiegen, was wie alles im Spiel ohne Blutvergießen und Gewalt geschah, musste dieser von umherlaufenden Piraten alle möglichen Beleidigungen lernen. Ein langwieriges Unterfangen im Spiel, das sich nicht abkürzen ließ. Man musste üben und hatte erst das nötige Repertoire an Erwiderungen gegen die Beleidigungen der Schwertmeisterin an der Hand, wenn man gegen genügend Piraten gekämpft hatte. Dabei lernte man, dass man »Mein Schwert wird dich durchbohren wie einen Schaschlik!« am besten mit einem »Dann mach nicht damit rum wie mit einem Staubwedel!« parierte.

Ich verrate Ihnen gleich, dass ich Ihnen kein solches Repertoire von Erwiderungen bereitstellen werde, mit dem Sie für jeden Einwand des Kunden die passende Entkräftung zur Hand haben. Sie sollten Ihre Kunden, ehrlich gesagt, auch nicht unbedingt auf obige Weise beleidigen. Ich könnte mir vorstellen, dass das der Verkaufsabsicht nicht sonderlich zuträglich ist. Nur eines werden Sie machen müssen wie Guybrush Threepwood: üben und Erfahrung sammeln. Auch wenn es vielleicht ein etwas längerer Prozess sein sollte, führt daran doch kein Weg vorbei und es gibt auch hier keine Abkürzungen.

Viel wichtiger, als Erwiderungen gegen Einwände Ihres Gesprächspartners zu lernen, ist es folglich, einordnen zu können, ob es sich bei einem Einwand um einen bloßen Vorwand, also eine Art Ausrede handelt, oder ob der Einwand etwa aufgrund mangelnden Verständnisses zustande kam. Es kann auch vorkommen, dass Sie auf großen Widerstand gegen eine Terminvereinbarung stoßen, nur weil Sie zum falschen Zeitpunkt das Falsche gesagt haben, weil Ihre Gesprächsvorbereitung nicht ausreichend war. Sie das Gespräch in die falsche Richtung dirigiert haben. Kurz: Es kann an Ihnen liegen. Also versuchen Sie nicht, jeglichen Widerstand zu brechen und jeglichen Einwand zu entkräften. Lernen Sie zu verstehen, wie und warum der Widerstand entstanden ist. Dazu werden Sie Zeit benötigen.

In der Zwischenzeit gebe ich Ihnen gern folgende Ratschläge:

1. Nehmen Sie den Einwand zunächst einmal ernst. Fassen Sie Ihn nicht als Vorwand, nicht als Ausrede auf.

Der Gesprächspartner oder die Gesprächspartnerin hat einen Grund, warum er oder sie ihn vorbringt. Versuchen Sie, diesen Grund zu verstehen. Vorwände werden meist ohne Begründung geliefert, Einwände oft mit einer solchen Begründung oder Plausibilisierung. »Keine Zeit« ist für sich alleine ausgesprochen meist ein Vorwand. Wird die Begründung gleich mitgeliefert, etwa wie in »Leider keine Zeit, ich muss in zwei Minuten in eine Besprechung«, können Sie davon ausgehen, dass es sich eher um einen authentischen Einwand handelt. Halten Sie die Erwiderung für einen Vorwand, können Sie nach der Begründung fragen. Sollten Sie sich getäuscht haben und es ist tatsächlich ein Einwand, werden Sie diese Begründung bekommen und können mit ihr weiterarbeiten. Beharrt der Gesprächspartner auf seinem Vorwand, ohne ihn zu begründen, bringt er gleich einen anderen Grund zur Ablehnung vor oder reagiert er sogar gereizt, dann können Sie davon ausgehen, dass es sich um eine Ausrede handelt und dass Sie keine weitere Energie mehr aufwenden müssen, um hier im Gespräch weiterzukommen. Haken Sie in diesem Falle die Sache einfach ab, akzeptieren Sie die Ablehnung als klares Nein. Im Normalfall haben Sie ja sowieso bereits mehrere Kontakte im Buying Center identifiziert. Rufen Sie also die nächste Person an. Eventuell sieht es hier ja anders aus. Erinnern Sie sich an unser Kapitel »1.5 Erfolg durch Nein-Akzeptanz und Scheitern.« ? Wenden Sie dieses Wissen jetzt an (siehe Seite 39).

2. Lernen Sie, Missverständnisse als solche zu erkennen und ein gemeinsames Verständnis zu schaffen.

Der Einwand »Kein Interesse« beispielsweise wirkt unglaublich stark und Sie fühlen sich von ihm vielleicht direkt entmutigt und entkräftet. Was soll man auch jemandem erklären oder gar verkaufen, der kein Interesse daran hat, überhaupt zuzuhören? Ganz offensichtlich will man Sie einfach nur schnell loswerden. Aber fragen Sie sich einmal, ob es sich hierbei nicht vielleicht um ein Missverständnis handelt. Kann es etwas wie kein Interesse im B2B-Bereich überhaupt geben? Welches seriöse Unternehmen hat denn kein Interesse an Geschäften, kein Interesse daran, seine Dienstleistung oder sein Produkt zu verbessern, kein Interesse daran, eventuell Ausgaben zu minimieren und Geld zu sparen? Das Produkt oder die Dienstleistung, die Sie anbieten, wurde ja aus gutem Grund entwickelt, und Sie haben aus gutem Grund gerade dieses Unternehmen recherchiert und diese Person angerufen, um ihr anzubieten, was Sie für passend halten. Entweder, Ihr Market-Researcher hat sich also in der Lead-Recherche ordentlich geirrt, oder die Person, die Sie angerufen haben, hat Sie noch nicht richtig verstanden. Versuchen Sie deshalb zu klären, warum Sie missverstanden wurden, und das Missverständnis zu beseitigen. Sie können weitere Informationen anbringen, wenn Sie wissen, wo das kommunikative Problem liegt, oder konstruktive Fragen stellen, die den Dialog möglichst wieder in Gang bringen. Sollten Sie bei dieser Ansprechperson nicht weiterkommen und dennoch sicher sein, dass Sie mit Ihrer Einschätzung des angerufenen Unternehmens als potenziellen Kunden richtigliegen, haben Sie bestenfalls ja noch weitere Ansprechpartner im selben Unternehmen. Sie erinnern sich, ich habe im Abschnitt »Persona als Modell für Ihren Wunschkunden« (siehe Seite 87) über die Buyer Persona darüber gesprochen.

3. Federn Sie die Einwände ab, zeigen Sie Verständnis für Ihr Gegenüber und fragen Sie nach Unterstützung.

Mit Abfedern meine ich, dass Sie versuchen, auf Konfrontation zu verzichten. Konfrontation steht im Widerspruch zum Do-no-Harm-Prinzip (Prinzip der Nichtschädigung), das ich Ihnen im Kapitel 4.4 noch näher vorstellen werde. Es geht darum, dass Sie Ihrem Gegenüber keinen Schaden zufügen sollen und dass Sie über konfrontative Techniken auch keine Einsicht und keine Zustimmung erlangen werden. Tatsächlich kommt es zu rhetorischer Konfrontation recht schnell, wie ich Ihnen am kleinen Wort »aber« zeigen möchte. Ein Beispiel: Ein Sekretär versucht, Ihren Versuch der Gesprächsaufnahme mit seinem Vorgesetzten zu verhindern, weil er Anweisung hat, niemanden durchzustellen. Sie erwidern: »Okay, Sie sagten ja, Sie dürfen nicht durchstellen, aber ich muss jetzt dringend unbedingt mit Frau X sprechen.« Dieser Satz ist konfrontativ. Warum? Weil Sie Ihr Interesse über das Interesse des Anderen setzen. Das ist Konfrontation. Warum wirkt es so? Rhetorisch gesehen ist das Aber hier der springende Punkt. Durch das Aber fehlt die Balance in der Aussage. Im Englischen gibt es das Sprichwort »Everything before the ›*but*‹ is horse shit«, also frei übersetzt: »Alles vor dem ›Aber‹ ist nichts wert.« Man negiert also alles, was vorher gesagt wurde und stehen bleibt nur die Erwiderung.

Im Deutschen gibt es nun die Möglichkeit, ein »Aber« durch ein »Und gleichzeitig« zu ersetzen, ohne den Sinn zu verändern. Um mehr Verständnis für Ihr Gegenüber zu signalisieren, können Sie außerdem den zitierten Satz mit einem »Ich verstehe Sie« einleiten. Dadurch setzen Sie den Fokus auf den Ansprechpartner. Wenn Sie dazu noch direkt nach persönlicher Kooperation fragen, gehen Sie schon nicht mehr konfrontativ vor:

»Ich verstehe Sie, Frau Maier, Sie haben die Anweisung, nicht durchzustellen. Das ist in meinem Unternehmen genauso. Das respektiere ich natürlich und gleichzeitig habe ich den Auftrag und Wunsch, mit Frau Schmidt persönlich zu sprechen. Was schlagen Sie vor, wie soll ich vorgehen? Können Sie mich hierbei vielleicht unterstützen?« Indem Sie nach Kooperation und sogar Mithilfe fragen, ändern Sie den Modus des Dialogs von einem konfrontativen in einen kooperativen. Ihre Ansprechpartnerin wird völlig anders reagieren, wenn Sie sie um Hilfe bitten, als wenn Sie darauf abzielen, sie in einen Konflikt zwischen den Anweisungen ihres Vorgesetzten (Niemanden durchstellen!) und Ihren Interessen (Stellen Sie mich durch!) zu bringen. Im obigen Beispielsatz haben Sie gezeigt, dass Sie Verständnis für das Dilemma der angesprochenen Person haben, Sie haben eine Identifikationsmöglichkeit geschaffen (Das kenne ich, das ist bei uns genau so), Sie haben beteuert, dass Sie die aufgezeigte Grenze respektieren. Gleichzeitig zeigen Sie aber auch, dass Sie ein wichtiges Anliegen haben und dass Sie Unterstützung darin brauchen, es zu verwirklichen. Sie haben zumindest auf respektvolle und wertschätzende Weise kommuniziert und sollten nun eine grundlegende Sympathie auf Ihrer Seite haben. Wenn Sie dennoch nicht weiterkommen und nicht durchgestellt werden, akzeptieren Sie das als Grenze.

Übernehmen Sie dieses Beispiel nun bitte nicht als wörtliche Vorlage. Entwickeln Sie selbst ein Gespür dafür, was angemessen ist. Sie werden das auch ausprobieren müssen und von Fall zu Fall merken, ob etwas funktioniert oder nicht. Ich wollte vor allem zeigen, dass durch nuancierte Veränderungen in einer Aussage deren Charakter ein völlig anderer werden kann. Aus einer konfrontativen Situation lässt sich so unter Umständen ein kooperativer Dialog machen. Sie werden mit der Zeit das Maß für die angemessene Beharrlichkeit herausfinden, das Sie an den Tag legen müssen, um nicht sofort abgewimmelt zu werden, um aber auf der anderen Seite auch nicht lästig oder aufdringlich zu werden. In vielen Fällen werden Sie Vorwände nicht entlarven und Einwände nicht argumentativ und produktiv zerstreuen können. Es bleibt Ihnen nur übrig, das zu akzeptieren. Ein Nein kann eben auch einfach ein Nein sein (siehe auch Kapitel 1.5).

Selbstverständlich sollte sein, dass Sie ein finales Nein nicht persönlich nehmen. Auch wenn der Kontakt schon beim Erstgespräch geschlossen werden muss und Sie sicher sind, die Ansprechpartnerin in Zukunft kein zweites Mal zu kontaktieren, denken Sie daran, höflich zu bleiben. Haben Sie es geschafft, einen Termin für die Bedarfsanalyse zu vereinbaren: Herzlichen Glückwunsch. Sie haben bereits einen ordentlichen Teil Vertrauen aufbauen können und können nun den nächsten Schritt des kundenzentrierten Verkaufens vorbereiten – die Bedarfsanalyse.

4.

Explore: Die vertriebliche Analyse des Kundenbedarfs

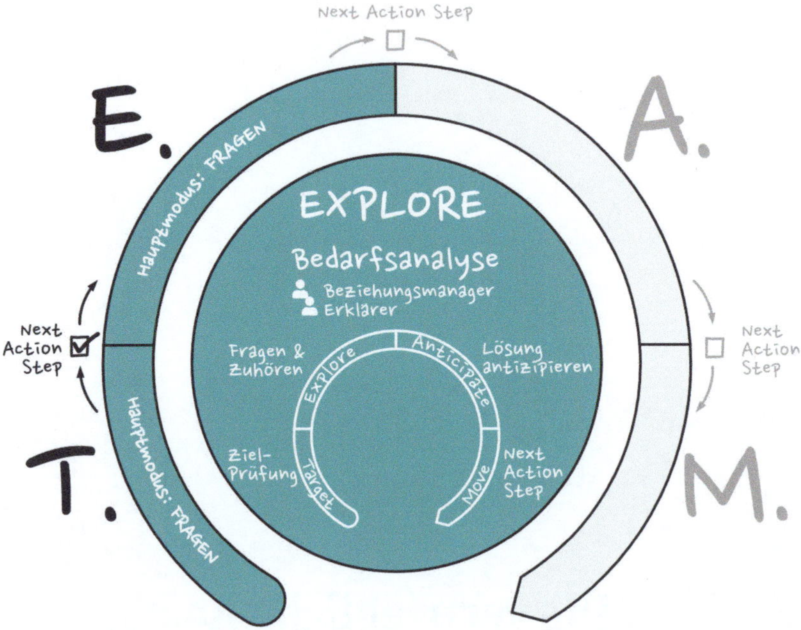

Abbildung 11: Der zweite Schritt der T.E.A.M.-Methode: EXPLORE.

Im folgenden Kapitel dreht sich alles darum, die Interessentin oder den Interessenten ins Zentrum unserer Bemühungen zu setzen und herauszufinden, ob und wie eine Zusammenarbeit möglich ist. Wir erkunden aktiv das Szenario und lernen den Bedarf und die Bedürfnisse unseres Gegenübers kennen. Eine sinnvolle Technik hierzu ist die Bedarfsanalyse, die wir bevorzugt per Telefon durchführen wollen. Ich werde Ihnen zeigen, wie im Gespräch vorzugehen ist, und Ihnen ein paar wichtige Prinzipien näherbringen, die Ihnen bei Ihren Bedarfsanalysen helfen werden.

In der übergeordneten Einteilung unseres gesamten Vertriebsprozesses, der T.E.A.M.-Methode, ist die Bedarfsanalyse gleichbedeutend mit dem Teil Explore. Nachdem Sie schon einiges über explorative Tätigkeiten im zweiten Kapitel gelesen haben, erwarten Sie nun zu Recht, dass es hier um explorative, also fragende, zuhörende und analytische Aufgaben gehen wird. Der Explore-Schritt im Vertriebsprozess nach der T.E.A.M.-Methode folgt, nachdem wir unseren Target-Teil, bestehend aus Lead Generation und Terminanruf, abgeschlossen haben.

4.1 Herausfinden, was Ihr Gesprächspartner wirklich will

Kommen wir also nun dazu, was die Bedarfsanalyse eigentlich ist. Es handelt sich um ein Telefongespräch, das wir selbst wiederum in die vier Abschnitte der T.E.A.M.-Methode einteilen. Diese nennen wir ebenfalls Target, Explore, Anticipate und Move. Sie sehen: Die Arbeitsschritte in unserem Vertriebsprozess sind auf verschiedenen Ebenen selbstähnlich. Das liegt daran, dass die Schritte einer Bedarfsanalyse methodisch dem Vorgehen im Ganzen gleichen.

Der erste Schritt der Bedarfsanalyse, den wir Target nennen, dient dazu, herauszufinden, ob das Ziel, das kontaktierte Unternehmen, dessen Spur Sie in der Lead-Generierung verfolgt haben, tatsächlich auch das passende ist. Wir prüfen also, ob die Person und das Unternehmen, das wir ansprechen, auch zu uns und unserer Dienstleistung passt.

Im Explore-Teil der Bedarfsanalyse erforschen Sie den Istzustand des angesprochenen Unternehmens und erkunden bestehende Probleme sowie deren Ursachen und Konsequenzen, wie Ihr Gegenüber sie wahrnimmt. Sie ermutigen Ihre Ansprechpartnerin, selbst über eventuell bestehende Probleme nachzudenken und den grundlegenden Bedarf nach einer Lösung zu erkennen.

Der Anticipate-Teil bringt Sie dann dazu, basierend auf den bisher erfragten Informationen und aufgedeckten Problemen eine Lösung vorschlagen und vorwegnehmen (antizipieren) zu können. Sie werden an einen Punkt kommen, an dem Ihre Ansprechpartnerin selbst einen Bedarf entdeckt und konkretisiert hat und sich ihre Erwartung im besten Fall mit der von Ihnen vorgeschlagenen Lösung deckt.

Haben Sie Ihre Gesprächspartnerin dazu bewegen können, den Nutzen Ihrer Vorschläge für das Unternehmen zu erkennen, geht es im abschließenden Move-Abschnitt schließlich darum, den nächsten Schritt zu vollziehen und einen weiteren verbindlichen Termin zu vereinbaren.

Die einzelnen Schritte und ihre praktische Umsetzung werde ich Ihnen zum Ende des Kapitels hin näher erläutern. Wichtig ist zunächst, dass Sie eine grobe Vorstellung vom Ablauf der Bedarfsanalyse vor Augen haben, um die folgenden Inhalte zu verstehen.

4.2 Gesprächspartnern ist der eigene Bedarf oft nicht bewusst

Im besten Falle wissen wir nach dem Gespräch genau, wie der tatsächliche Bedarf aussieht. Denn zu Beginn des Gesprächs ist der tatsächliche Bedarf eines Kontakts in den allermeisten Fällen für uns zunächst nur eine bloße, unbestätigte Annahme. Prägen Sie sich diesen Satz ein, denn die meisten Vertriebsmitarbeiter sehen die Annahme, dass Bedarf besteht, schon als Fakt an und wundern sich, warum dann am Ende niemand kauft. Deshalb ist es wichtig, dass uns Folgendes klar wird: Die meisten Leads haben erst einmal keinen direkt bewussten Bedarf. Der tatsächliche Bedarf muss durch unser Gespräch aufgedeckt und bewusst gemacht werden. In den wenigsten Fällen werden Sie von einem Lead am Telefon begrüßt mit »Zum Glück rufen Sie an, gerade heute Morgen dachte ich schon wieder daran, dass wir mal unsere gesamten Förderbänder in allen Werken austauschen sollten«. Wir sprechen daher davon, dass es sich in einem solchen Fall um einen noch unbewussten Bedarf handelt. Die große Fehleinschätzung vieler Verkäufer liegt darin, dass sie das Gegenteil unterstellen. Sie nehmen an, Leads hätten einen konkreten, sich bewusst gemachten Bedarf. Dem ist gerade im Outbound oft nicht so, denn sonst hätte sich der Lead bereits selbst auf die Suche gemacht.

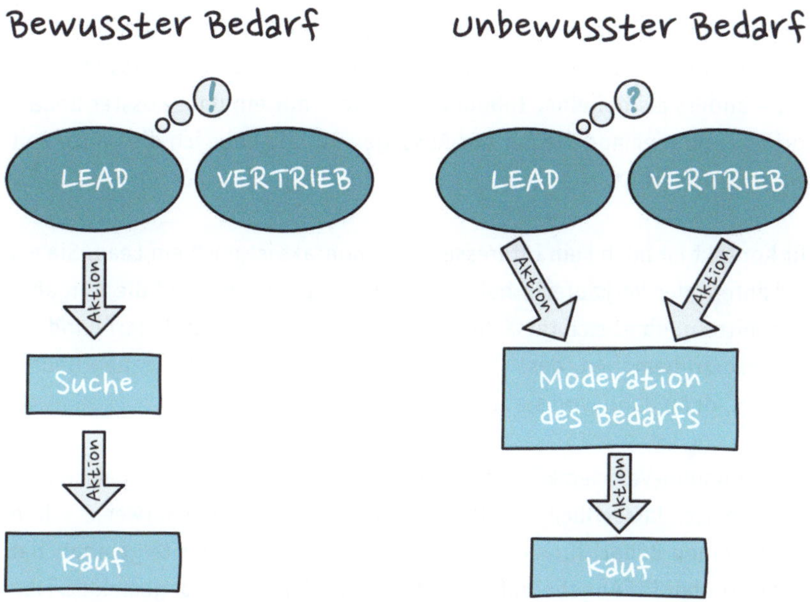

Abbildung 12: Der Vertrieb hilft Leads mit unbewusstem Bedarf, diesen zu entdecken und sich bewusst zu machen.

Das Ziel der Bedarfsanalyse ist es folglich, der Kontaktperson zu helfen, sich ihres Bedarfs bewusst zu werden. Die Wahrnehmung, dass im eigenen Unternehmen etwas verbessert werden könnte, kann dabei durchaus schon bestehen. Ein Prozess funktioniert beispielsweise nicht wie beabsichtigt, es wird nicht genügend Umsatz generiert, das Produkt verkauft sich nicht und so weiter. Eine Vorstellung von der Lösung und vom zur Lösung führenden Weg allerdings hat die Kontaktperson sehr wahrscheinlich noch nicht, denn ansonsten wäre die Person wahrscheinlich selbst tätig geworden und hätte

Sie oder Ihre Marktbegleiter aus eigener Motivation heraus angerufen. Und ja, auch diese Situation kann vorkommen: In der Bedarfsanalyse stellt man fest, dass die Probleme bereits erkannt wurden, und just in diesem Moment werden schon konkrete Schritte dagegen unternommen. Damit sind wir entweder gerade rechtzeitig, um beispielsweise noch in eine Ausschreibung aufgenommen zu werden, oder es ist eben schon zu spät. Beides sind allerdings eher seltene Konstellationen. Gehen Sie davon aus, dass hier erst mal – anders als bei einer Inbound-Anfrage – nur ein unbewusster Bedarf vorliegt und niemand Sie mit der Aussage »Auf Sie habe ich die ganze Zeit gewartet« begrüßt.

Ihr Kontakt ist noch kein Interessent, Ihr Kontakt ist noch ein Lead. Sie als Verkäufer oder Verkäuferin haben nun im Outbound-Prozess die Aufgabe, zu ermitteln, ob es sich tatsächlich um einen unbewussten Bedarf handelt, und sich zu bemühen, dass Ihre Ansprechpartnerin ihren eigenen Bedarf erkennt, denn dann wird sie zur Interessentin.

Beim Inbound-Vertrieb könnte man denken, dass eine Bedarfsanalyse entbehrlich ist. Tatsächlich hat Ihr Ansprechpartner möglicherweise schon selbst seinen Bedarf für sich geklärt und ist auf Ihre Website gelangt, hat sich dort über Ihr Angebot informiert und sich danach selbst gemeldet. Man könnte also denken, dass hier ein bewusster Bedarf vorliegt und man keine Bedarfsanalyse mehr braucht. Das Problem beim Inbound-Vertrieb ist allerdings die Erwartungshaltung des Interessenten. Die Laiendiagnose des eigenen Bedarfs ersetzt nicht die Untersuchung des Experten. Ansonsten wird unser Interessent enttäuscht werden, wenn sich die eigene Vorstellung eines Lösungswegs im Endeffekt als nicht optimal herausstellt. Daher merken Sie sich folgenden wichtigen Satz: Im Inbound-Vertrieb hat der Interessent zwar selbst seinen Bedarf geweckt, allerdings noch nicht vollständig entdeckt.

Daher läuft eine Bedarfsanalyse in beiden Fällen gleich ab, egal ob es sich um einen Lead aus dem Outbound- oder einen Interessenten aus dem Inbound-Prozess handelt.

4.3 Die unentdeckten Vorteile des Outbound-Vertriebs

Viele Verkäufer gehen aufgrund dieser Gegebenheiten davon aus, dass ihre Position im Outbound, also in der Situation, in der sie selbst aktiv akquirieren müssen, eine schlechtere ist. Ich versichere Ihnen aber, dass dies nicht der Fall ist. Im Gegenteil: Sie oder Ihre Kollegen haben Ihren Ansprechpartner bereits in den vorigen Prozessschritten vorqualifiziert, indem Sie ihn recherchiert und aktiv ausgewählt haben. Im Terminanruf wurde ein erster gemeinsamer Schritt vereinbart und durch diesen bereits eine gewisse Bindung hergestellt. Das ist ein großer Vorteil für Ihre zukünftige Beziehung. Der große Vorteil liegt darin, dass Sie ungleich mehr Möglichkeiten haben als beim Inbound. Sie können den noch unbewussten Bedarf moderieren und in gewissem Maße formen. Sie können Erwartungshaltungen der Kontaktperson selbst mitbestimmen oder zumindest beeinflussen und lenken. Im Gegensatz dazu wird die Erwartung der über einen Inbound-Kanal auf Sie zugekommenen Person durch viele unter Umständen weniger gut kontrollierbare Faktoren bestimmt.

Ein weiterer Punkt ist mit hoher Wahrscheinlichkeit die Konkurrenzsituation. Sie können davon ausgehen, dass ein gut informierter Interessent im Inbound sich nicht ausschließlich über Ihre Dienstleistung informiert hat, sondern die der Konkurrenz ebenso gut kennt. Im Outbound-Vertrieb hingegen treten Sie an einen selbst recherchierten, also vorqualifizierten Lead heran, und so ist die Wahrscheinlichkeit gering, dass dieser sich bei der Konkurrenz nach einem ähnlichen Angebot wie dem Ihren gerade umschaut. Sie sehen: Die typischen Nachteile des Outbound-Vertriebs, die oft genannt werden, sind also, aus neuer Perspektive betrachtet und auf die richtige Weise eingesetzt, Vorteile im Verkaufsgespräch und gegenüber dem Wettbewerb.

Diese Vorteile des Outbound-Vertriebs machen Sie sich durch die T.E.A.M.-Methode zunutze, weil diese genau auf solch eine Situation abgestimmt ist. Die einzelnen Schritte vereinfachen es Ihnen, systematisch und analytisch vorzugehen und eine Bedarfsanalyse, die Ihnen beim ersten Versuch vielleicht noch wie eine hohe Kunst vorkommen mag, zu einem professionellen Handwerk zu machen, das sich leicht erlernen lässt. Das Werkzeug, das Sie für dieses Handwerk benötigen, ist vor allem Ihre Stimme, die Sie nun aber, im Gegensatz zu den vorangegangenen Vertriebsphasen, im neuen Modus des Fragens einsetzen.

4.4 Vier Prinzipien für kundenzentrierte Bedarfsanalysen

Das Ziel der Bedarfsanalyse ist es, einen Bedarf festzustellen oder auch nicht. Das heißt, auch das Ergebnis, dass eine Bedarfsanalyse nicht in den nächsten Schritt geht, weil die Lösung für den Lead zur Zeit keinen Sinn ergibt, ist ein Erfolg. Wir haben dann schnell geklärt, dass wir und der Lead zur Zeit nicht zueinanderpassen. Besteht Bedarf, gilt es, diesen genauer zu bestimmen. Doch dazu gleich. Bevor wir uns den konkreten Ablauf eines Bedarfsanalyse-Gesprächs im Detail anschauen, möchte ich Ihnen gerne noch vier Prinzipien vorstellen, die ich als grundlegend für eine funktionierende Bedarfsanalyse erachte.

Ask-don't-tell-Prinzip

Sie haben gelernt, dass Fragen zu stellen der grundlegende Modus ist, in dem das Bedarfsanalyse-Gespräch stattfindet. Dabei soll jedoch keine Interview- oder gar Verhörsituation entstehen. Im Gegenteil: Sie werden Ihren Ansprechpartner seinerseits ermutigen, Fragen zu stellen, sodass Sie sich letztlich in einer Dialogsituation befinden werden.

Auf diese Weise werden Sie die Informationen erhalten, die wichtig für die Vorbereitung Ihres Lösungsvorschlags sind. Stellen Sie also Fragen und hören genau zu, welche Antworten Sie erhalten. Die Bedarfsanalyse ist nicht der Zeitpunkt für eine Präsentation Ihres Produkts. Das uns so geläufige Sagen, also das Behaupten, Vortragen und Präsentieren, sollten wir in der

Bedarfsanalyse, vor allem in ihrem Explore-Teil, unbedingt durch Fragen ersetzen – daher auch der Name dieses Prinzips: Ask! Don't tell.

Ich glaube, es leuchtet unmittelbar ein, dass man durch Vortragen, Präsentieren und Sagen weniger über sein Gegenüber herausfindet als durch Fragen, Zuhören und Nachhaken. Wenn es uns also darum geht, dass unser Interessent seinen Bedarf selbst entdeckt und den Nutzen unseres später erfolgenden Leistungsangebots selbst erkennt, sollten wir uns folgerichtig ans Fragen halten. Das Erleben der eigenen Erkenntnis, ob Bedarf besteht oder eben auch nicht, ist das Ziel der Bedarfsanalyse.

Das mag sich noch für manchen Leser etwas abstrakt anhören. Aber versuchen Sie doch einmal, sich an das Gefühl eines Aha-Moments zu erinnern, das Sie sicher schon einmal hatten. Ich meine diese Euphorie, die eintritt, wenn Sie nach gewisser Dauer eines Prozesses des Überlegens plötzlich vor der Lösung stehen – diesen Heureka-Moment. Ich weiß, niemand sagt heutzutage noch heureka. Allerdings bedeutet es im Altgriechischen der Philosophen in etwa das, was »Ey Digga, ich habs raus und ich feier das hart« für die Generation Z bedeutet. Apropos Jugend – vielleicht erinnern Sie sich noch an Ihre eigene Schulzeit: Neben dem einschläfernden Frontalunterricht gab es auch bei Ihnen bestimmt immer mal wieder etwas, das von Pädagogen fragend-entwickelndes Unterrichtsgespräch genannt wird und auch auf die alten Philosophen der Antike zurückzuführen ist. Dies ist eine didaktische Form, deren Absicht genau unserer Bedarfsanalyse entspricht: Durch die richtigen Fragen seinem Gegenüber die Chance zu geben, selbst auf die Lösung zu kommen. So kommen Schüler zu ihren Erfolgserlebnissen und Ich-habs-verstanden-Momenten. Die Lösung wird ihnen nicht vorgegeben, sondern sie dürfen sie selbst entwickeln. Abgesehen vom Erfolgserlebnis führt das zu einer viel höheren Identifikation mit der Lösung und zu einer tieferen Verankerung ihres Inhalts, also zu einem effektiven und angenehmen Lernprozess.

Der Erste, der diese Art des konstruktiven, hervorbringenden Fragens angewendet hat, war der griechische Philosoph Sokrates. Allem schriftlichen Zeugnis nach hat er sie sogar erfunden. Seine sogenannte Mäeutik, was übersetzt Hebammenkunst bedeutet, war eine Technik des zielführenden Fragens, die es dem Befragten erlaubte, selbst zur Erkenntnis zu kommen – selbst die Lösung zu gebären. Sie dürfen sich als Verkäuferin oder Verkäufer in der Bedarfsanalyse in Zukunft also auch als eine Art Hebamme verstehen, die den Interessenten bei der Geburt seiner eigenen Lösung begleitet und unterstützt. Als Hebamme im Vertrieb haben Sie definitiv das beste Alleinstellungsmerkmal gegenüber Ihrer Konkurrenz. Und mit Konkurrenz meine ich keine Mitbewerber am Markt.

Ihre größte Konkurrenz im B2B-Vertrieb ist der Status quo, der Istzustand, das Das-haben-wir-immer-schon-so-gemacht des angesprochenen Unternehmens. Helfen Sie durch Ihre Fragen also der Geburt neuer Ideen und neuer Lösungen. Geben Sie wie Sokrates zu: »Ich weiß, dass ich nicht weiß«, und begeben Sie sich in die Position des Nichtwissenden, der erfahren möchte, warum im angesprochenen Unternehmen die Prozesse so laufen, wie sie laufen. Denn ihr vermeintliches Wissen ist möglicherweise nur eine Annahme, also eine Hypothese. Hören Sie zu und erfahren Sie mehr über die Situation Ihres Gegenübers. Stellen Sie Ihrem Ansprechpartner gerade auch solche Fragen, die ihn sein eigenes Vorgehen reflektieren lassen.

Was Sie erreichen wollen, ist eine Weiterentwicklung, eine Veränderung im Bewusstsein bei Ihrem Gegenüber. Sie wollen einen Wandel initiieren. Durch bloßes Behaupten und Präsentieren werden Sie das nur schwer erreichen. Stoßen Sie mit Ihren Fragen stattdessen eine moderierte Erkenntnis an, mit der sich Ihre Gesprächspartnerin auch identifizieren kann.

Do-no-Harm-Prinzip

Wenden Sie beim Initiieren dieses Wandels aber keinen Druck an. Sie wollen niemanden irgendwohin manövrieren, nur weil es Ihnen selbst dort vielleicht besser gefällt, sprich: Weil Sie dann leichter verkaufen können.

Genau das besagt das Do-no-Harm-Prinzip, das einfach mit »Richte keinen Schaden an« übersetzt werden kann. Wir dürfen nie vergessen, dass wir uns verpflichtet haben, stets den Nutzen des Kunden im Fokus zu behalten. Das ist einfach zu verstehen und zu befolgen, wie ich glaube. Etwas komplexer wird es, wenn dem Interessenten eine Lösung vorschwebt, von der Sie aus Ihrer Erfahrung wissen, dass sie dem Kundenunternehmen eher schadet als nützt. Es mag verlockend sein, dem Kunden zu geben, was er fordert, und den Verkaufsprozess schnell zum Abschluss zu bringen. Dann hätten Sie allerdings ebenfalls gegen das Prinzip verstoßen, keinen Schaden anzurichten. Sie sehen gleich, warum.

Das Do-no-Harm-Prinzip stammt aus der Entwicklungshilfe und der humanitären Arbeit und wurde entworfen, weil man erkannt hat, dass in manchen gewaltsamen Konfliktsituationen das humanitäre Eingreifen nicht zur Lösung des Konflikts, sondern im Gegenteil zu seiner Eskalation geführt hat. Kurz gesagt: Auch wer es gut meint, kann unter Umständen Schaden anrichten.

Im hippokratischen Eid von Ärzten beispielsweise ist dieses Do-no-Harm-Prinzip ebenfalls enthalten, denn sie nehmen die ethische Verpflichtung an, Kranken nicht zu schaden. Wir sind nun glücklicherweise nicht im Krieg und müssen auch keine Krankheiten heilen, doch sollte es selbstverständlich sein, dass auch wir uns zu einem Berufsethos verpflichten und versuchen, keinen Schaden anzurichten. Erinnern Sie sich an die Definition des Verkaufens am Anfang dieses Buches. Verkaufen heißt Verändern. Das bringt Verantwortung mit sich. Wir wollen schließlich eine für alle Seiten positive Veränderung erwirken. Wir dürfen unseren Einfluss und unser Wissen erstens nicht dazu benutzen, den Interessenten auf schnellstem Wege und ohne sein Verständnis der Lösung zu einem Verkauf zu manipulieren, auch wenn wir diese Lösung selbst vielleicht schon kennen und glauben, dass sie passt. Zweitens dürfen wir dem Interessenten auch nicht vorschnell geben, was er fordert, wenn wir sicher sind, dass das Geforderte eine falsche Lösung ist.

Bleiben wir einen Moment im Bereich der Medizin, um die letztere Situation zu verdeutlichen: Stellen Sie sich vor, sie hätten bereits seit Tagen stechende Kopf- und Nackenschmerzen. Sie haben sich im Internet schlaugemacht und haben nun einen starken Verdacht, was die Ursache sein könnte. Sie haben auch das Medikament recherchiert, das in vielen Fällen mit ähnlichen Symptomen scheinbar gut geholfen hat. Mit diesem Wissen gehen Sie nun zu Ihrer Ärztin und fordern, dass sie Ihnen ein Rezept ausstellt, mit dem Sie das Medikament in der Apotheke kaufen können. Ohne Anamnese und Untersuchung, und folglich auch ohne Diagnose, stimmt die Ärztin zu und stellt ein Rezept für Sie aus. Dürfen Sie zu einer solchen Ärztin Vertrauen haben? Hat sie gemäß des Do-no-Harm-Prinzips gehandelt? Was, wenn Sie mit Ihrer eigenen Diagnose und Selbstmedikation völlig danebenlagen? Sollte die Ärztin, selbstverständlich nach Diagnosestellung, nicht besser einen eigenen Vorschlag zur Medikation machen? Ein Gegenbeispiel: Stellen Sie sich den Fall anders vor. Sie haben dieselben Symptome wie oben beschrieben. Nur haben Sie sich diesmal nicht vorab selbst informiert, sondern suchen voller Vertrauen und ohne Umwege gleich Ihre Ärztin auf. Sie berichten ihr kurz und knapp von Ihren Symptomen, worauf sie sofort eine bereits aufgezogene Spritze aus der Schublade holt und Ihnen ohne Vorwarnung oder Erklärung in den Nacken rammt. Die Ärztin mag genau wissen, was sie tut, weil sie diese Art von Symptombild bereits Hunderte Male in ihrer Praxis gesehen hat. Aber selbst, wenn Sie richtigliegen sollte: Ihr Vertrauen hat sie durch das Auslassen von Anamnese und Untersuchung erst einmal ziemlich beschädigt – ganz abgesehen von dem Schreck, den sie Ihnen wahrscheinlich eingejagt hat. Waren Sie bereit für diese Lösung? Haben Sie verstanden, warum die Ärztin sie gewählt hat?

In ähnlicher Weise im Verkauf zu handeln – also dem Interessenten eine willkürlich zusammengestellte Lösung zu verkaufen (oder ihm die Spritze in den Nacken zu rammen), weil wir wissen, dass es hilft – wird ganz sicher keine vertrauensvolle und dauerhafte Kundenbeziehung nach sich ziehen, selbst wenn es zunächst die passende Lösung zu sein scheint. Auch wenn Sie nun wahrscheinlich keine Ärztin sind, führen Sie die Schritte der Anamnese und der Untersuchung bitte gewissenhaft durch, um zu einer korrekten Diagnose zu kommen. Zurück zum Vertrieb: In der Bedarfsanalyse nach der T.E.A.M.-Methode entspricht Ihr medizinisch korrektes Vorgehen den Schritten Explore und Anticipate.

Just-in-Time-Prinzip

Eine Sache, die ich für ein wenig zielführendes Vorgehen in der Bedarfsanalyse halte, auch wenn ich sie als etablierten Prozess im Bereich des B2B-Vertriebs immer wieder sehe, ist Überschuss und Verschwendung von Informationen. Oft herrscht im Vertrieb statt einer angemessenen Sparsamkeit nämlich eine Art Gießkannenprinzip vor, bei dem sämtliche Informationen zu einem Produkt oder einer Dienstleistung über dem potenziellen Kunden ausgeschüttet werden. Alles, was die Marketingabteilung in bester Absicht und oft wunderbarer Gestaltung an Kundeninformationen und Produktfeatures aufbereitet hat, wird einfach aus der Hand gegeben und zur Verfügung gestellt ohne vorige Auswahl und ohne Frage nach der Relevanz für die konkrete und zum aktuellen Zeitpunkt vorliegende Situation. Die Hoffnung, zumindest ein Teil der unendlich vielen Informationen, Beispiele und Zahlen würde schon verfangen und den Interessenten überzeugen, wird meines Erachtens immer ein frommer Wunsch bleiben.

Das Prinzip, alles zu zeigen, was man aufzuweisen hat, gehört eher ins Marketing und ist dort sicher auch in vielen Fällen gerechtfertigt. Wenn es um ein breites Publikumsspektrum geht, hat man tatsächlich auch oft keine bessere Alternative. In einer Bedarfsanalyse allerdings führt es nur zu geringem Erfolg. Warum also nicht unsere sozusagen privilegierte und mit vielen Möglichkeiten ausgestattete Position als Vertriebler in der Bedarfsanalyse nutzen? Warum nicht all die Informationen, die wir zur Verfügung haben und auch weitergeben können, prüfen, selektieren und nur dasjenige davon auswählen, das auch wirklich von entscheidendem Vorteil für das Szenario des potenziellen Kunden und für unseren Verkaufsprozess ist?

Statt dem Interessenten in logischer Konsequenz des gerade Gesagten also nur das zu geben, was er wirklich braucht, wird er von vielen Vertriebsabteilungen, die mir im Laufe der Jahre begegnet sind, sozusagen unter Hochdruck mit Informationen befüllt. Es wird gepitcht und gepusht, was das Zeug hält; reine Energie- und Ressourcenverschwendung, wenn Sie mich fragen. Ich nehme mir da lieber eine schon gut etablierte Methode aus der industriellen Fertigung zum Vorbild. Sie kennen wahrscheinlich den Begriff der Lean Production. So wurde in der westlichen Rezeption die Produktions- und Organisationsmethode des japanischen Autokonzerns Toyota genannt. Ein großer und wichtiger Teil dieser umfassenden Methode ist das Just-in-Time-Prinzip, das unter anderem besagt, dass nur so viel und nur das produziert werden soll, was zur Erfüllung der Kundenaufträge auch gebraucht wird. Hintergrund für die Entwicklung dieser Prinzipien waren die zur Entstehungszeit der Methode in Japan sehr knappen Ressourcen und die große Abneigung des Firmengründers von Toyota gegenüber Verschwendung jeglicher Art. Ich finde, dieses System ist ein tolles Beispiel für sinnvolle Sparsamkeit, das sich zudem leicht auf unsere Prozesse übertragen lässt. Bei Toyota wird die Methode auf alle nur erdenklichen Bereiche angewendet, in denen sich Verschwendung verhindern lässt. Dazu gehört unter anderem auch, die Verschwendung der Fähigkeiten von Mitarbeitern zu verhindern – was zu sehr hoher Partizipation und Wertschätzung jedes einzelnen Mitarbeiters und jeder Mitarbeiterin führt. Etwas, das wir in westlichen Unternehmen noch immer nur sehr langsam lernen. Ich hoffe, mit meinen Ausführungen zur Einschätzung der Fähigkeiten von Mitarbeitern (Kapitel 2.1, Seite 46), deren Partizipation (Seite 66) und deren Empowerment (Seite 59) einen kleinen Beitrag dazu leisten zu können, Verschwendung menschlicher Leistungsfähigkeit im Vertrieb zu minimieren.

Wie im Fall von Toyota kann es sich bei der Verschwendung also auch um eine Verschwendung nichtphysischer, nichtmaterieller Ressourcen handeln. Gerade im Szenario der Bedarfsanalyse und in der Pflege der Kundenbeziehung geht es auch um den Schutz einer der kostbarsten Ressourcen, die uns zur Verfügung stehen: der Lebenszeit. Ich habe im Kapitel über den

Lieblingskunden (Seite 89) schon erläutert, für wie wichtig ich es halte, die eigene Zeit nicht mit den falschen Kunden zu verschwenden. Da wir auch die wertvolle Zeit der anderen nicht verschwenden wollen, soll nun das Just-in-Time-Prinzip den respektvollen Umgang mit der Zeit desjenigen, den wir erreichen und mit dem wir interagieren wollen, erleichtern. Unsere Ansprechpartner bekommen die Informationen, die relevant sind und die sie zu einem bestimmten Zeitpunkt verarbeiten können. Ein ungefragtes Versenden von Informationen widerspricht dem Just-in-Time-Prinzip und oft auch dem Do-no-Harm-Prinzip. Nicht zuletzt deshalb sollten wir uns an das Prinzip der Informationssparsamkeit halten und auch nicht die Zeit unseres Ansprechpartners verschwenden. Ich habe Ihnen im Abschnitt über das Ask-don't-tell-Prinzip ja bereits erklärt, welche positiven Auswirkungen es hat, wenn Erkenntnisse selbst erlangt werden – wenn wir es dem Interessenten oder der Interessentin also ermöglichen, ihren Bedarf und ihren Nutzen selbst zu entdecken. Analog dazu sind Informationen, welche die potenzielle Kundin bei Interesse selbst abfragen kann, viel wertvoller als ein mit der Gießkanne ausgeschütteter Informationsregen. Die jeweils benötigte Information gelangt dann auch zu genau dem Zeitpunkt zur Interessentin, zu dem jene sowohl für sie als auch für uns als Verkäufer am nützlichsten ist. Ganz im Sinne der Fertigungsstation, die mit dem Just-in-Time-Prinzip arbeitet und nur das anfordert, was sie gerade zur Verarbeitung braucht.

Lassen Sie mich das anhand eines Beispiels erklären, das ich auch gerne in meinen Coachings anführe: Wir befinden uns in der Situation der telefonischen Bedarfsanalyse, hatten also zuvor keinen oder wenig Kontakt zur Ansprechpartnerin. Das Gespräch lief gut, die Ansprechpartnerin möchte allerdings gern eine E-Mail mit Infomaterial zugeschickt bekommen. An diesem Punkt können Sie nun eine Weiche stellen: Gehen Sie auf die Bitte ein und schicken einfach weitere Informationen per Mail? Welche Informationen wären das dann? Hat Ihre Marketingabteilung für jedes erdenkliche Kundenszenario genau abgestimmte und gestaltete Materialien bereitgestellt? Mit Sicherheit nicht. Dann würden Sie also jetzt zum Gießkannenprinzip wechseln und Ihren Interessenten mit einem Schwall an unspezifischen

Informationen überschütten, richtig? Oder wollen Sie vielleicht lieber doch weiterhin mitentscheiden können, welche Informationen zu welchem Zeitpunkt und für genau den vorliegenden Fall relevant sind?

Dann empfehle ich Ihnen, zu diesem Zweck und in dieser Situation das sogenannte Co-Browsing einzusetzen, also das gemeinsame oder zumindest gleichzeitige Betrachten desselben Inhalts im Internet. Wenn mich ein Interessent in dieser Phase der Bedarfsanalyse nach weiteren Informationen fragt, die er sich gerne selbst anschauen würde, lade ich ihn ein, mit mir zusammen die Website meines Unternehmens zu besuchen. Dort sind schließlich nahezu alle Informationen zum Unternehmen und zu unseren Dienstleistungen hinterlegt, die auch noch in benutzerfreundlicher Weise aufbereitet und gestaltet sind. Ich frage also nach, welche zusätzlichen Informationen für ihn von Interesse seien und suche dementsprechend den passenden Teil unserer Website heraus. Ich teile meinem Gesprächspartner die Webadresse des relevanten Inhalts mit und wir navigieren daraufhin gleichzeitig auf den entsprechenden Teil der Seite. So kann ich aus der enormen Vielzahl an Inhalten genau das auswählen, was für den Interessenten in diesem Moment relevant ist. Ich gebe dem Interessenten in Anlehnung des Produktionssystems der industriellen Fertigung von Toyota, das wir oben kennengelernt haben, genau das Bauteil an die Hand, das er in diesem Moment anfordert und verarbeiten kann.

Das Konsistenzprinzip

Ein letztes Prinzip, das für die Durchführung einer guten Bedarfsanalyse hilfreich sein kann, möchte ich Ihnen gerne noch vorstellen. Es handelt sich dabei um das sogenannte Konsistenzprinzip, das seinen Ursprung in der Gestaltpsychologie hat und in der Kognitionsforschung weiterentwickelt wurde, wo es heute meist Teil größerer, übergeordneter Theorien wie der breit etablierten Theorie der kognitiven Dissonanz von Leon Festinger oder der Balancetheorie von Fritz Heider ist. Diese Theorien befassen sich mit der Beziehung und der Harmonie von unterschiedlichen, manchmal auch gegensätzlichen Denkinhalten zueinander und fragen danach, was passiert, wenn diese Harmonie gestört wird. Das Konsistenzprinzip beschäftigt sich unter anderem damit, wie sich bestimmte Denkinhalte (Kognitionen) auf die Einstellungen und Ansichten eines Individuums auswirken können. Da wir ja in der moderierten Erkenntnis unseres Interessenten eine Art kognitiver Veränderung seiner Einstellungen herbeiführen wollen, ist das Konsistenzprinzip ein wichtiger Bestandteil unserer Kommunikationsstrategie, auch über die Bedarfsanalyse hinaus (siehe auch die vorgestellte sokratische Methode der Mäeutik, Seite 118).

»Konsistenz« bedeutet im für uns relevanten Zusammenhang in etwa, dass das eigene Denken (und auch das eigene Handeln) frei von Widersprüchen ist. Wir handeln also gemäß der eigenen Überzeugungen und können auch nicht anders denken, als wir zu denken gewohnt sind. Wir streben als denkende und handelnde Wesen alle nach dieser Art von kognitiver Harmonie, weil wir ohne sie kein zusammenhängendes, schlüssiges Bild von unserer eigenen Persönlichkeit aufbauen können. Wir reagieren nicht in zwei nahezu identischen Situationen vollkommen unterschiedlich. Im Gegenteil: Wir handeln ganz so, wie wir eben sind. Das beinhaltet auch, dass wir, haben wir uns einmal für eine bestimmte Sache entschieden, gerne bei ihr bleiben. Sei es eine innere Einstellung, die wir irgendwann erworben haben, oder etwa eine Zusage, die wir jemandem zu etwas Bestimmtem gegeben haben. Einmal angenommene Einstellungen ändern Menschen meist nur unter hohem Überzeugungsdruck – und diesen Druck für einen möglichst schnellen Verkauf aufzubauen, ist genau das, wovon ich Ihnen dringend abraten möchte.

Eine Überzeugung bildet sich nämlich vor allem dann am besten heraus, wenn sie von innen kommt, wenn der Wille zur Veränderung also intrinsisch motiviert ist. Es bringt folglich, auf längere Sicht gesehen, gar nicht viel, jemanden zu einer Veränderung überreden zu wollen: Solange die betreffende Person nicht selbst zur Erkenntnis eines Veränderungsbedarfs kommt, haben wir langfristig keinen besonders guten Standpunkt. Das wird von vielen Verkäufern immer wieder gerne übersehen, denn die Konsequenz zeigt sich nicht unbedingt sofort mit dem ersten Erfolg des Verkaufens. Vor allem im B2C-Bereich ist es so in der Tat auch möglich, schnelle und vorrangige Verkäufe zu tätigen, die nur auf einer kurzen Situation der überredeten Überzeugung beruhen. So entstehen einmalige Kunden, um die man sich dann zukünftig nie wieder kümmern muss, weil man seine Provision für den Abschluss ja bereits in der Tasche hat. Wie Sie mittlerweile aber sicher verstanden haben, geht es uns um etwas gänzlich anderes: Wer dauerhafte Beziehungen aufbauen will, die sowohl dem eigenen Unternehmen als auch dem Kunden dienlich und nützlich sind, muss nachhaltiger an die Sache herangehen.

Wie kann uns also das Konsistenzprinzip dabei helfen, den Abschluss eines Verkaufs vorzubereiten und gleichzeitig eine gute Kundenbeziehung zu etablieren? Nach jedem unserer Prozessschritte muss ein Ja, eine Erlaubnis und Zustimmung des Leads oder Interessenten selbst kommen. Nicht wir bestimmen das Ja, sondern unsere Ansprechpartner. Das ist unsere Zusage, die wir benötigen, um den Prozess mit unserem prospektiven Kunden weiterzuführen. Welche Funktion hat also die Zusage in unserem Prozess? Ganz einfach, die Konsequenz aus den Vorgaben des Konsistenzprinzips ist: Wir müssen schrittweise vorgehen, und zwar in sehr kleinen Schritten, weil wir nur so durch Zusagen und Zustimmungen bereits bestehende Einstellungen ändern können. Mit jeder kleinen Zusage, die wir vom Interessenten erhalten, ändert sich seine Einstellung ein kleines bisschen. Wir zielen also darauf, möglichst in jedem kleinen Schritt, den wir gehen, auf Zustimmung und auf Konsistenz zu stoßen. Durch die Methode des Fragens versuchen wir, diese Schritte ausfindig zu machen. Erhalten wir Zustimmung zu einer von uns getätigten Aussage, können wir von dort aus in einem kleinen Schritt zur nächsten gehen. Es wird Sie vielleicht überraschen, aber im Großen haben wir das tatsächlich bereits vollzogen, indem wir vom Termingespräch zur Bedarfsanalyse gekommen sind – aus dieser Perspektive in der Tat ein riesiger Schritt: Die Zusage, die wir im Termingespräch erhalten haben, zu einem fest vereinbarten Zeitpunkt mit uns eine Bedarfsanalyse machen zu wollen, nach der wir aufgrund des Feedbacks unseres Interessenten verbindlich wissen, ob wir den Prozess in den nächsten Schritt bewegen können. Wow, welch eine Schatzkiste!

Sie können nun also kleine, aufeinander aufbauende und nahe zusammenhängende Schritte gehen, um herauszufinden, was die beste Lösung für Ihren Ansprechpartner ist, die Sie anzubieten oder möglicherweise noch zu entwickeln haben. Selbst wenn Ihnen diese Lösung zunächst noch weit entfernt scheinen mag oder Sie nicht wissen, wie Sie Ihrem Gegenüber die richtige Lösung näherbringen sollen, obwohl Sie ganz sicher sind, sie schon gefunden zu haben. Wenn Sie mit Ihrer Gesprächspartnerin kleine Schritte vollziehen und sie jedem davon zustimmt, wächst die Wahrscheinlichkeit, dass sie auch den nächsten Schritten und schließlich dem ganzen Lösungskonzept zustimmt. Das ist konsistentes Verhalten. Es gibt einen humorvollen Sinnspruch, der von Friedensnobelpreisträger Desmond Tutu stammt: »Es gibt nur einen Weg, einen Elefanten zu verspeisen. Häppchenweise.«

Zusammengefasst heißt das also: Im Vertrieb komplexer Produkte und Dienstleistungen geht es darum, mit jeder Frage und mit jedem kleinen Schritt das Verständnis des Interessenten zu erzielen oder zu behalten und unsere Leistung besser an seine Situation anzupassen. Bekommen wir für diese kleinen Schritte jeweils die Bestätigung unseres Gegenübers, rückt der Ausgang der Bedarfsanalyse mit einem konkreten, für alle positiven Ergebnis immer näher.

4.5 Wie Sie die T.E.A.M.-Methode in der Bedarfsanalyse einsetzen

Wie schon angekündigt, spiegeln sich die einzelnen Schritte der T.E.A.M.-Methode im Großen auch hier im kleineren Maßstab des konkreten Explore-Schrittes (der Bedarfsanalyse). Wir wenden die Prinzipien und Strukturen, die uns in den übergeordneten Schritten leiten, ebenfalls innerhalb der Bedarfsanalyse an, um uns über die Phasen des Targetings, Explorierens und Antizipierens zu einem nächsten handlungsfähigen Schritt zu bewegen (Move).

Nicht aller Anfang ist schwer: Der Gesprächseinstieg

Gehen wir von einem Szenario im Outbound-Vertrieb aus. Wir befinden uns nun also im Telefongespräch zur Bedarfsanalyse, das wir selbst oder ein Mitarbeiter im Appointment Call für uns vereinbart hat. Wie gehen wir vor? Zunächst einmal klären wir, ob die Ansprechpartnerin auch wirklich Zeit hat. Wir benötigen je nach Komplexität des Themas zwischen zwanzig und dreißig Minuten für ein Gespräch. Wenn bereits Interesse am Thema vorhanden ist, kann die Bedarfsanalyse auch länger dauern. Dann nimmt sich der Ansprechpartner im Gespräch auch mehr Zeit. Die wenigsten Kontakte reservieren sich zudem nur zwanzig Minuten. Tatsächlich steht im Kalender bei vielen oft eine ganze Stunde, da Zwischentermine in so kurzen Abständen meist nicht möglich sind. So können Sie von einem guten Zeitpuffer ausgehen. Die Nachfrage nach der Bereitschaft, sich jetzt Zeit zu nehmen, ist wirklich wichtig, denn die Antwort gibt Ihnen die Zusage – eine Art Verpflichtungserklärung –, jetzt die volle Aufmerksamkeit zu bekommen, was im Sinne des oben erläuterten Konsistenzprinzips gut funktioniert.

Legen Sie die Spielregeln fest

Darauffolgend erläutern wir, wie wir im Gespräch vorgehen wollen. Wir legen sozusagen die Spielregeln fest, erklären die Agenda. Erläutern Sie, dass Sie gerne eine kurze Vorstellung beider Gesprächsteilnehmer machen möchten, wonach Sie ein paar Fragen stellen wollen, die Sie zuvor notiert haben. Weisen Sie darauf hin, dass sich bestimmt auch Fragen auf Seiten der Ansprechpartnerin ergeben werden und dass sie die Gelegenheit haben wird, diese zu stellen. Zuletzt ergänzen Sie, dass Sie am Ende erörtern wollen, ob eine Zusammenarbeit in nächster Zeit möglich ist – oder auch nicht. Lassen Sie das »oder auch nicht« bitte nicht weg! Dieser winzige Einwurf signalisiert nämlich, dass Sie das Gespräch ohne Druck führen wollen und Ihre Gesprächspartnerin immer einen Ausweg hat, also zu nichts gezwungen ist. Am Ende fragen Sie noch einmal: »Ist das Vorgehen so in Ordnung für Sie?« Stimmt die Ansprechpartnerin dieser Frage und damit dem von Ihnen vorgeschlagenen Vorgehen zu, haben wir eine ganz besondere Situation:

Erstens, wir haben jetzt die ungeteilte Aufmerksamkeit des Gegenübers und mindestens zwanzig Minuten Zeit, das Gespräch zu führen – bei Interesse des Leads eventuell sogar mehr. Zweitens, wir haben die Erlaubnis, Fragen zu stellen (erinnern Sie sich an das Konsistenzprinzip) und bekommen, drittens, am Ende noch ein Feedback über eine mögliche Zusammenarbeit.

Target: Ist der Kunde der richtige für Sie? Sind Sie der Richtige für den Kunden?

Targetieren kommt ursprünglich aus dem Onlinemarketing und bedeutet, seine Zielgruppe zu definieren, einzugrenzen und Strategien für eine Kampagne zu entwickeln, um diese zielgenau anzusprechen. Die Phase des Target hat hier in der Bedarfsanalyse speziell die Aufgabe, herauszufinden, ob die Person, mit der wir sprechen und das Unternehmen, das sie vertritt, auch wirklich passend für uns sind. Haben wir also in der Recherche und im Appointment Call alles richtig gemacht? Ist unsere Annahme, ein passendes Unternehmen gefunden zu haben, korrekt? Oder gab es irgendwo ein Missverständnis oder einen Fehler in der Leadrecherche? Durch die einzelnen Schritte unseres Analyseprozesses wissen wir bereits zum jetzigen Zeitpunkt, ob wir die Bedarfsanalyse weiterführen können oder ob ihr Ergebnis schon jetzt kein Bedarf ist, weil die Zielperson oder das Zielunternehmen nicht zu uns passt.

Ich empfehle Ihnen folgendes Vorgehen: In der Begrüßung mit dem Kontakt nehmen Sie am besten Bezug auf den Terminanruf, den die Kontakterin oder Sie selbst geführt haben. Durch diesen Bezug betonen Sie die Konsistenz des Vorgehens und schaffen einen fortlaufenden roten Faden. Sie erinnern sich? Konsistenz ist deshalb wichtig, weil Menschen gerne bei einer einmal getroffenen Entscheidung (in diesem Fall erst einmal ihre Zusage zur Bedarfsanalyse im Termingespräch) bleiben – vor allem, wenn sie an diese Entscheidung erinnert werden.

Dann stellen Sie sich und Ihr Unternehmen kurz vor. Ich meine wirklich: kurz. Sie sollten Ihr Unternehmen und Ihre Funktion darin in dreißig Sekunden vorstellen können. Üben Sie dies im Vorfeld und bereiten Sie sich darauf vor. Aber rattern Sie Ihren Text im Gespräch nicht einfach runter. Das sehe ich leider tatsächlich sogar immer wieder in den berühmten Elevator Pitches bei Gründern. Denken Sie daran: Sie sprechen diese Sätze vielleicht zum tausendsten Mal, aber Ihr Gegenüber hört sie zum allerersten Mal. Erzählen Sie also lieber eine sehr knappe Kurzgeschichte über sich und Ihr Unternehmen. Wie sind Sie zu Ihrer Position gekommen, was reizt Sie selbst am Gegenstand Ihres Unternehmens, warum haben Sie es gegründet (wenn Sie es gegründet haben) und so weiter. Persönliche Bezüge sind immer spannender als generische Selbstaussagen des Unternehmens wie zum Beispiel: »Wir sind seit einhundertfünf Jahren Marktführer im Bereich industrieller Saugpümpel.« Sie bestimmen durch Ihre persönliche Vorstellung und die Bezugnahme zum Unternehmen auch den Rahmen, in dem sich Ihr Gesprächspartner vorstellen wird. Gesprächspartner nehmen die Form oder den Inhalt von etwas zuvor Gehörtem nämlich oft als Rahmen oder sogar Vorbild für das, was sie dann selbst sagen wollen. Dieses Phänomen, das man Framing nennt, wird uns noch öfter begegnen.

Am Ende Ihrer eigenen Vorstellung signalisieren Sie Ihrer Ansprechpartnerin, dass Sie sich gut informiert haben, indem Sie einen Teil ihrer Gegenvorstellung vorwegnehmen. Leiten Sie ihren Gesprächsteil beispielsweise ein, indem Sie sagen: »Sie sind ja in Ihrem Unternehmen in der Position XY seit bereits X Jahren für YZ verantwortlich – mich würde das interessieren – erzählen Sie doch mal. Wie ist es denn dazu gekommen?« So machen Sie es Ihrem Gegenüber leichter, von sich selbst zu sprechen. Durch die Aufforderung zur Handlung, »Erzählen Sie mal«, schaffen Sie die Grundlage für die Kurzgeschichte Ihres Gegenübers. Durch diese Aufforderung wird er oder sie viel unbeschwerter sprechen können, als wenn Sie ihn lediglich um seine Vorstellung bitten, etwa mit: »Bitte stellen Sie sich doch jetzt kurz vor.«

Nach der Vorstellung der Ansprechpartnerin versuchen Sie, gute Einstiegspunkte zu finden, um die ersten Fragen bezüglich des Status quo, des Istzustandes im Zielunternehmen zu stellen, beispielsweise: Wie wird zur Zeit etwas Bestimmtes gemacht, wie sieht der Prozess für ABC aus, welche Strategie gibt es für XYZ und so weiter. Übertreiben Sie es aber nicht mit dieser Art Fragen, denn solche Status-quo-Fragen haben den Nachteil, dass sich Ihr Gegenüber schnell ausgefragt oder verhört fühlt kann. Diese Fragen nützen in erster Linie nur Ihnen und das wird Ihre Gesprächspartnerin auch realisieren. Gleichzeitig ist es wichtig für uns, diese Fakten zu erfahren, sollten wir sie noch nicht haben. Denn nur so können wir jetzt schon erkennen, ob Bedarf an einer Zusammenarbeit besteht oder sich das Unternehmen durch bestimmte faktische Konstellationen bereits als ungeeignet herausstellt und wir es nicht unterstützen können.

Explore: Wie Sie durch Zuhören die Probleme Ihres Gesprächspartners kennenlernen

Wir sehen also: Die Bedarfsanalyse ist auch ein gegenseitiges Erforschen, Erkunden und Qualifizieren. Ein explorativer Prozess, in dem beide Parteien herausfinden sollen, ob sie zueinander passen. Sie werden schnell merken, ob Sie in der Recherchephase gut gearbeitet haben und Ihr Ziel das richtige ist. Die Ansprechpartnerin ihrerseits wird auch Sie qualifizieren. Erforschen Sie also Ihre Beziehung zueinander, explorieren Sie. Nachdem Sie einfache Einstiegsfragen, zum Beispiel über nicht recherchierbare Fakten des Unternehmens, gestellt haben, folgen nun die etwas komplexeren Fragen. Stellen Sie Fragen, die das Problembewusstsein Ihres Gegenübers betreffen. Gibt es Unzufriedenheiten mit bestehenden Prozessen oder bezüglich bestehender Versorgung, läuft etwas nicht nach Vorstellung – Fragen dieser Art. Hören Sie zu. Versuchen Sie bei Antworten, die Ihrem Prozess dienlich sind, weiter nachzufragen, um mehr Details erläutert zu bekommen. Sie sollten möglichst offene Fragen stellen, die nicht mit »Ja« oder »Nein« zu beantworten sind, sondern auf die Ihr Gegenüber auch mit längeren Ausführungen antworten kann. Darunter fallen Fragen, die nicht nur das Problembewusstsein im Unternehmen, sondern auch die Konsequenzen des bestehenden

Problems betreffen. Sie versuchen also herauszufinden, wo die Ansprechperson selbst Probleme sieht, was in ihrem Unternehmen (möglichst im Bereich Ihres Angebots) besser laufen könnte und welche Konsequenzen sich daraus ergeben. Gerade die Frage »Wozu?« dient als wunderbare Einleitung, um Hintergründe über Entscheidungen der Ansprechpartnerin herauszufinden. Im Gegensatz zum Fragewort »Warum« hat es einen eher in die Zukunft weisenden Charakter, weniger einen abgeschlossenen und manchmal sogar vorwurfsvollen wie »Warum«. Versuchen Sie auch danach zu fragen, welche positiven Folgen die Lösung des Problems hätte. Ich persönlich bin ein Freund von Gedankenexperimenten, der Lösung im Kopf. Diese können Sie einfach mit Ihrer Ansprechpartnerin gemeinsam vollziehen. Fragen Sie danach, was wäre, wenn sie Ihr Problem bereits gelöst hätte. Welche Auswirkungen hätte das auf ihr Unternehmen?

Es mag selbstverständlich klingen, aber lassen Sie Ihre Ansprechpartnerin immer aussprechen. Der Explore-Teil ist nicht der Abschnitt, in dem Sie gefragt (im wahrsten Sinne des Wortes) sind. Hören Sie zu! Auch wenn dadurch vielleicht kurze Pausen entstehen, haken Sie nicht sofort mit einer Lösung ein. Ich weiß, dass zwei bis drei Sekunden Pause gerade am Telefon eine sehr lange Zeit sein können. Aber halten Sie das aus! Ihr Ansprechpartner denkt vielleicht gerade und möchte noch etwas hinzufügen. Oder es kommt nach dem Satzende ein neuer Gedanke, der erst noch formuliert werden muss. Sie können durch unterstützende Fragen wie »Und darüber hinaus, was wäre sonst noch wünschenswert?« oder in ähnlicher Weise versuchen, diesen Modus weiter beizubehalten.

Bleiben Sie während der gesamten Explore-Phase auf jeden Fall im Modus des Zuhörens. Haken Sie nicht sofort ein, sobald Sie ein Problem erkennen, das Sie vielleicht lösen können. Sammeln Sie lieber die einzelnen Punkte, bis Sie ein Gefühl dafür haben, was das gesamte Problemszenario ausmacht. Suchen Sie nach dem größeren Kontext statt nach einem einzelnen Problem. Sobald Sie genügend Einzelprobleme mitsamt ihren Konsequenzen verstanden haben, um sich eine mögliche Lösung vorstellen zu können – um also ein Lösungsszenario antizipieren zu können –, machen Sie etwas, das zunächst wahrscheinlich sehr gegen Ihre Intuition gehen wird. Sie hören auf:

»Super. Danke, dass Sie mir meine Fragen beantwortet haben. Ich bin damit jetzt durch. Welche Fragen haben Sie denn nun an mich?«

So beenden Sie die Fragerunde Ihrerseits und geben der Ansprechpartnerin nun die Möglichkeit, Gegenfragen zu stellen. Jetzt ist also Ihr Gegenüber an der Reihe.

Anticipate: Wie Sie Ihrem Gesprächspartner zeigen, dass Sie die geeignete Lösung parat haben

Eine der Fragen wird dann mit höchster Wahrscheinlichkeit diejenige danach sein, was Ihr Unternehmen eigentlich macht oder was Sie denn nun eigentlich anzubieten haben. Wie könnte denn nun die Lösung aussehen? Sich diese Frage zu stellen, ist eine Vorwegnahme der Erwartungshaltung des Interessenten (Antizipation). Diese Frage liegt nahe, denn schließlich haben wir über uns und unseren Verkaufsgegenstand bisher noch so gut wie nichts gesagt. Das hat auch einen Grund: Es ist derselbe, aus dem Sie vor der Bedarfsanalyse möglichst kein Infomaterial per E-Mail zuschicken sollten. Das Informationsdefizit aufseiten der Ansprechpartnerin zahlt sich nämlich nun dahingehend aus, dass sie sehr aufmerksam für Ihren Lösungsvorschlag sein wird. Ich habe kaum eine Bedarfsanalyse erlebt, in der die Frage nach dem Angebot zu diesem Zeitpunkt nicht von meinem Gegenüber gestellt worden wäre. Auf diesen Punkt sollten Sie tatsächlich auch hinarbeiten. Denn diese Frage gibt Ihnen sozusagen erst das Recht, nun auch über sich und Ihre Leistung zu sprechen. Erst jetzt ist das Interesse und die Aufmerksamkeit Ihres Gegenübers groß genug, um Ihrem Lösungsansatz zuzuhören.

Das Vorgehen, erst genau jetzt Ihren Lösungsvorschlag zu platzieren, entspricht sowohl dem Just-in-Time-Prinzip als auch dem Do-no-Harm-Prinzip. Zu einem früheren Zeitpunkt wäre Ihr Gegenüber gegebenenfalls noch nicht bereit gewesen, Ihren Ansatz zu akzeptieren. Jetzt ist zum ersten Mal die richtige Zeit. Es ist der Moment, in dem Ihr Vorschlag mit hoher Wahrscheinlichkeit auch korrekt verstanden wird und verarbeitet werden kann. Zu jedem anderen wäre die Gefahr damit auch groß gewesen, gegen das Do-no-Harm-Prinzip zu verstoßen. Sie erinnern sich an das Beispiel aus der Arztpraxis. Eine Lösung zu verabreichen, die zum konkreten Zeitpunkt (noch) nicht verstanden wird, widerspricht dem Prinzip ebenso wie eine Lösung zu verabreichen, die zwar gefordert, aber wider besseres Wissen nicht verabreicht wird.

Sie bieten also nun einen konkreten Lösungsansatz, den Sie möglichst passend auf die Fragen Ihrer Gesprächspartnerin formulieren und der auf das Szenario, das aus dem bisherigen Gespräch hervorgeht, zugeschnitten sein muss. Wenn Sie über Ihre Leistung sprechen und die Lösung des Kundenproblems antizipieren, versuchen Sie immer, den Bezug zum Szenario Ihrer Kundin zu behalten, damit klar ist, dass es sich nicht um eine vorgefertigte Lösung, sondern um ein individuell angepasstes Konstrukt handelt. Selbst, wenn Sie für Ihren Lösungsvorschlag auf einen Fundus an fertigen Lösungen zurückgreifen – die Selektion der Einzelteile und die Art Ihrer Kommunikation macht diesen Vorgang für Ihren Interessenten nun individuell.

Beim Antizipieren geht es also immer auch um Erwartungshaltungen – und so wird Ihre Gesprächspartnerin nach Ihren Fragen und den gestellten Gegenfragen ebenfalls Erwartungen an Ihr Produkt oder Ihre Dienstleistung haben. Dieser Erwartungshaltung müssen Sie entsprechen. Tun Sie es nicht, haben Sie – kurz gesagt – keinen Bedarf an diesem Lead und der Lead hat keinen Bedarf an Ihnen. Wenn sich Ihre vorgeschlagene Lösung also mit der Lösung überschneidet oder gar deckt, die Ihr Gegenüber nun bestenfalls schon als Vorstellung im Kopf hat, gibt es bereits eine willkommene Übereinstimmung. Ihre Gesprächspartnerin wird eine kognitive Konsonanz erfahren, sich sozusagen in mentalem Einklang mit der Vorstellung des Gegenübers befinden. Dieser mentale Zustand ist einer, den wir alle gerne herbeiführen oder behalten wollen, weil er eine Art geistiger Harmonie darstellt und wir keine Missklänge innerhalb unserer eigenen Psyche aushalten müssen. Denn das Gegenteil dieses Zustands, die kognitive Dissonanz, wird als sehr unangenehm empfunden. Die Dissonanz läge hier vor, wenn die Erwartung der Kundin und Ihr tatsächlicher Vorschlag sehr weit auseinanderklaffen würden. Sie erinnern sich an das Konsistenzprinzip.

Gehen Sie jetzt noch einen Schritt weiter und versuchen Sie, die Erwartung Ihrer Ansprechpartnerin zu übertreffen. Das kann eine bestimmte, unerwartete Eigenschaft Ihrer Dienstleistung oder Ihres Produkts sein, auch wenn es nur etwas Kleines ist. Erfahrungen, die andere Kunden mit Ihrer Lösung gemacht haben und von denen Sie berichten können, sind hier sehr hilfreich. Durch sie können Sie besser abschätzen, wie Ihre Leistung in bestimmten Fällen und Szenarien Nutzen für den Kunden generieren kann. Um der Erwartungserfüllung Ihrer Gesprächspartnerin diesen Bonus hinzufügen zu können, müssen Sie sich selbstverständlich auch sehr gut mit den Eigenschaften und Vorteilen Ihres eigenen Angebots auskennen.

Noch einmal kurz zusammengefasst: Liefern Sie, was Ihr Ansprechpartner braucht. Schütten Sie nicht standardmäßig Ihre Gießkanne mit allen Merkmalen und Vorteilen über den nun entstehenden Interessenten aus. Entsprechen Sie stattdessen dem Just-in-Time-Prinzip. Schnüren Sie lieber die Teile Ihrer Leistung, die zum Bedarf Ihres Gegenübers passen, zu einem individuellen Paket und legen Sie noch eine kleine Sache drauf, von der Sie bisher noch nicht gesprochen haben, die aber zum Paket passt.

Das ist deshalb wichtig, weil der Nutzen zum einen abhängig vom Kundenszenario ist und Sie die Bewertung dieses Nutzens zum anderen Ihrem Gegenüber überlassen sollten. Bringen Sie Ihre Gesprächspartnerin dazu, den Nutzen Ihres Angebots selbst zu erkennen. Bewegen Sie sie zu Feedback über Ihr Angebot und über das Telefonat, nachdem Sie die inhaltlichen

Punkte besprochen und den Bedarf geklärt haben. Ihr Gegenüber sollte die Benefits der vorgeschlagenen Lösung selbst erkennen.

Move: So gehen Sie in den nächsten Schritt – oder auch nicht

Wenn Sie es in die Phase des Move geschafft und nicht vorher Ihren Lead disqualifiziert haben oder von ihm disqualifiziert wurden, haben Sie etwas Besonderes vollbracht: Sie haben aus einem unbewussten Bedarf einen bewussten gemacht. Nun müssen Sie noch feststellen, ob die nötige Wichtigkeit und Dringlichkeit vorherrscht, um in den nächsten Schritt zu gehen. Diese nötige Bewegung, den nächsten handlungsfähigen Schritt voranzutreiben, nenne ich Move. Viele Vertriebler versuchen nun Dringlichkeit zu erzeugen, indem sie ihr Produkt oder die Ressourcen künstlich verknappen oder Zeitdruck aufbauen. Davon rate ich Ihnen strikt ab. Legen Sie Ihr bisheriges ehrliches Verhalten nicht beiseite. Bleiben Sie unserer Vorgehensweise und unseren Prinzipien treu und lassen Sie weiter Ihren Ansprechpartner entscheiden. Nach dem Feedback Ihrer Gesprächspartnerin stellen Sie nun die Closingfrage, die wieder geschlossen sein darf (also eine Ja-Nein-Frage) und in etwa so lautet: »Sollen wir uns also zur Besprechung weiterer Details treffen?« Durch ein Ja in der Antwort schaffen Sie eine Verbindlichkeit, eine gewisse Verpflichtung zum nächsten Schritt. Im Englischen wird dies Commitment genannt. Damit haben Sie die Bedarfsanalyse abgeschlossen und können sich zum nächsten Schritt bewegen. Dieser sollte im besten Fall ein fest vereinbarter Termin sein. Sind Sie in der Bedarfsanalyse so weit gekommen, ist Ihr Gegenüber so weit mit Ihnen gegangen, wird es mit hoher Wahrscheinlichkeit auch zum nächsten handlungsfähigen Schritt kommen.

Wie nach den anderen Schritten des Vertriebsprozesses, vor allem am Ende des Termingesprächs, ist es aber durchaus denkbar, dass auch der jetzige Schritt einen nicht ganz so klaren Ausgang hat. Ich unterscheide die einzelnen Anschlussschritte (Next-Action-Steps) je nach Maß der Verbindlichkeit, das ich mit meinem Gesprächspartner gemeinsam erreichen kann. Die feste Vereinbarung für einen nächsten Termin zum Beispiel ist ein Next-Action-Step des Typs »verbindlich und handlungsfähig«. Dabei ist es egal, ob es sich um einen Telefontermin oder einen Termin für ein persönliches Treffen handelt. Wichtig ist, dass er mit Datum und Zeitpunkt (und gegebenenfalls Ort) vereinbart und von allen Parteien fest vermerkt ist.

Next Action Step:	NAS Typ 1	NAS Typ 2
Verbindlichkeit:	gering	hoch
Ergebnis:	Kontakterlaubnis	Fester Termin
Verkaufs-wahrscheinlichkeit:	mittel	hoch

Abbildung 13: Die höchste Verkaufswahrscheinlichkeit erzielt ein verbindlich handlungsfähiger Schritt (NAS Typ 2). Bei ihm wird ein konkreter Termin für eine nächste Kontaktaufnahme vereinbart.

Die Unterscheidung zwischen den einzelnen Typen von Next-Action-Steps ist deshalb sinnvoll, weil man durch sie sehr schnell die Verkaufswahrscheinlichkeit bestimmen kann. Es mag unorthodox klingen, aber ich rate Ihnen von anderen Arten, die Verkaufswahrscheinlichkeit zu bestimmen, zunächst einmal ab. Ich sehe in meiner Rolle als Unternehmensberater viele Forecasting-Methoden: Berechnung nach Umsatz und Absatz, Hebel, Pipeline-Wahrscheinlichkeiten, Mitarbeiteraussagen, Bewertung der Kaufwahrscheinlichkeit nach Kundenaussagen und so weiter. Diese Berechnungen sind generell möglich, benötigen allerdings zwei Dinge: Viel Erfahrung und viele, viele Zahlen. Verkaufsprognosen dieser Art funktionieren besser bei Produkten mit hohem Absatz, wie etwa im B2C-Bereich. Letztlich sind wir nun bei einem verständlichen System gelandet, die Kaufwahrscheinlichkeit allein anhand der fest und verbindlich im Kalender eingetragenen Termine pro Kunde zu bewerten. Damit werden Sie gut zurechtkommen, denn Sie müssen sich nicht mit komplizierten und oft fehlerbehafteten Berechnungen auseinandersetzen. Es mag sein, dass für Ihr Produkt oder Ihre Dienstleistung andere Kennzahlen ebenfalls einen gewissen Einfluss haben – wie immer will ich Ihnen hier auch kein ultimatives Tool zur Bewertung oder zum Vertriebsforecasting aufschwatzen –, probieren Sie es aus und entscheiden Sie selbst, was für Ihren Vertriebsprozess am besten passt. Verlieren Sie dabei die Wichtigkeit handlungsfähiger Schritte und verbindlicher Termine aber nicht aus den Augen.

Lassen Sie mich also kurz auflisten, welche Typen von Next-Action-Steps (NAS) ich unterscheide und mit welcher Verkaufswahrscheinlichkeit sie einhergehen:

0. Kein NAS: Können Sie keinen Termin vereinbaren und bekommen auch nicht explizit die Erlaubnis, erneut Kontakt aufzunehmen, handelt es sich nicht um einen NAS. Ihre Verkaufswahrscheinlichkeit ist dementsprechend auch sehr gering.

1. NAS Typ 1: Unverbindlich handlungsfähiger Schritt. In der schwächeren Form des NAS haben Sie immerhin eine unverbindliche Kontakterlaubnis, zum Beispiel für einen Telefonanruf ohne festen Termin. Die Erlaubnis könnte den Wortlaut »Rufen Sie mich doch im kommenden Monat nochmals an« haben. Ihre Verkaufswahrscheinlichkeit ist mit diesem Typ noch nicht optimal, Sie können Sie aber gegebenenfalls ausbauen, den Typ 1 vielleicht sogar in einen Typ 2 verwandeln.

2. NAS Typ 2: Verbindlich handlungsfähiger Schritt. Das ist die stärkste Form des NAS, mit dem Sie einen vereinbarten nächsten Termin mit Datum, Zeitpunkt, Teilnehmer, Ort und so weiter an der Hand haben. Das Commitment des Interessenten ist in diesem Falle am größten und Ihre Verkaufswahrscheinlichkeit ist mit einem verbindlich handlungsfähigen Schritt

meiner Erfahrung nach am höchsten: Wenn Sie es schaffen, während des Verkaufsprozesses nach jedem Prozessschritt wieder solche NAS vom Typ 2 zu vereinbaren, also immer wieder verbindliche Termine in Ihren Kalender eintragen können, werden Sie mit sehr hoher Wahrscheinlichkeit auch einen Verkaufsabschluss tätigen. Im Sinne des Konsistenzprinzips ist der Verkauf am Ende dieses Prozesses nur noch die logische Konsequenz aus den vorhergehenden Schritten.

Versuchen Sie also, nach jedem Schritt des Vertriebsprozesses möglichst so einen verbindlichen und handlungsfähigen Schritt zu vereinbaren. Die Kunst ist es in vielen Fällen, aus einem unverbindlichen einen verbindlichen Schritt zu machen. Dabei kann Ihnen etwa ein Bleistifttermin helfen, der reversibel oder ausradierbar in den Kalender eingetragen wird und von dem der Interessent jederzeit durch Rückmeldung zurücktreten kann. Durch diese Reversibilität wirkt der Termin weniger verbindlich. Tatsächlich, das zeigt meine Erfahrung, wird er aber in den allermeisten Fällen dann wahrgenommen wie ein verbindlich vereinbarter Termin.

Auch »kein Bedarf« ist ein valides Ergebnis der Bedarfsanalyse

Was aber tun, wenn in einem dieser Schritte klar wird, dass Sie hier nicht weiterkommen werden? Dass es keinen Move zum nächsten Termin geben wird? Zunächst einmal erinnern Sie sich, dass Sie bereits wissen, dass der Ausgang explorativer Prozesse und Tätigkeiten generell ergebnisoffen ist und dass somit der Ausgang der Bedarfsanalyse ebenfalls offen ist. Das heißt, das Ergebnis des Gesprächs kann eben auch »kein Bedarf« sein. Das ist völlig in Ordnung. Sie sollen in der Bedarfsanalyse Ihr Gegenüber ja nicht zu irgendetwas überreden oder von etwas (womöglich Unpassendem) überzeugen. Das Ziel ist, den Bedarf festzustellen – expliziten Bedarf zu moderieren und zu konkretisieren oder verdeckten, noch unbewussten Bedarf zuerst aufzudecken. Trauern Sie also dem verlorenen Lead nicht hinterher. Das »Nein« dieses Leads hat Ihrem Unternehmen gerade eine Menge Geld gespart. Denn hätten Sie nach der alten Vertriebsmanier des Anhauen, Umhauen, Abhauen gearbeitet und den Lead zu den nächsten Schritten überredet, hätten Sie zwar mehr Zeit investiert, das Ergebnis am Ende wäre allerdings dasselbe: Kein Bedarf. Um hier die Spreu vom Weizen zu trennen, ist die Einteilung der Bedarfsanalyse in die vier einzelnen Schritte Target, Explore, Anticipate und Move sinnvoll, denn sie gibt Ihnen die Gelegenheit, recht einfach zu erkennen, was der Grund für die Absage sein könnte: Geht es schon im ersten Schritt, also der Target-Phase nicht weiter, haben Sie vermutlich den falschen Ansprechpartner am Telefon. Das Problem könnte also in Ihrer Lead-Recherche oder in persönlichen Aspekten Ihres Gegenübers begründet sein. In diesem Falle versuchen Sie es mit einem anderen Ansprechpartner im selben Unternehmen.

Werden im Explore-Teil Ihre Fragen nicht oder nur sehr widerwillig beantwortet und es gelingt Ihnen nicht, genügend Informationen zu erhalten, ist Ihr Gegenüber offenbar nicht bereit zur Kollaboration. Versuchen Sie es mit einem anderen Ansprechpartner oder haken Sie die Sache ab.

Es kann auch vorkommen, dass die ersten beiden Schritte wunderbar laufen, im Gespräch alles stimmt, Sie genügend Informationen bekommen, die Sympathie passt, der Funke überspringt – doch in der Phase des Anticipate merken Sie, dass Sie einfach nicht die passende Lösung für diese Interessentin finden. Versuchen Sie in diesem Fall nicht, dennoch etwas zu verkaufen. Passt keines Ihrer Produkte oder Leistungen zum Szenario der Interessentin, geben Sie das zu, seien Sie offen und authentisch. Stellen Sie fest, dass hier zwar Bedarf besteht, Sie aber nicht die richtige Person oder das richtige Unternehmen sind, ihn zu decken. Nutzlos war dieses Gespräch auf keinen Fall! Sie haben viel Feedback bekommen, um es an Ihre Fachabteilung zu übermitteln. Eventuell ist dies der Anlass, Ihr Produkt zu verbessern oder ein neues Feature auf die Roadmap zu setzen.

Sind alle drei Schritte gut gelaufen, doch im Move-Teil will es Ihnen nicht gelingen, einen nächsten Schritt zu vereinbaren? Ihr Gegenüber nennt Gründe wie fehlendes Budget, falscher Zeitpunkt, keine Dringlichkeit oder Ähnliches? In Fällen, in denen Sie überzeugt sind, dass sich diese hinderlichen Faktoren auch schnell ändern könnten, sich etwa plötzlich doch Dringlichkeit durch geänderte Umstände einstellt, versuchen Sie es mit der Methode des Bleistifttermins. Falls auch das nicht funktioniert, ist der Bedarf einfach nicht groß genug. Akzeptieren Sie das. Natürlich können Sie an dieser Stelle zu einem späteren Zeitpunkt auch wieder in den Prozess einsteigen, für den Moment sollten Sie allerdings keine Zeit mehr investieren. Die Bedarfsanalyse war dennoch erfolgreich. Sie hat das valide Ergebnis »kein expliziter Bedarf« geliefert. Grundsätzlich gilt auch in der Bedarfsanalyse, schlussendlich ein Nein zu akzeptieren, wenn es nötig sein sollte. Gegen den konkreten Bedarf eines Interessenten zu verkaufen, kann nicht im Sinne einer nachhaltigen Kundenbeziehung sein und wird sich ganz sicher rächen. Mit der richtigen Lead Generation und genügend Terminanrufen werden Sie ohnehin in der Lage sein, eine völlig ausreichende Anzahl Bedarfsanalysen durchführen zu können, deren Ergebnis ein tatsächlicher Bedarf ist, sodass Sie sich nicht an jedes noch so hoffnungslose Vielleicht klammern müssen.

5.

Anticipate: Mit der passenden Lösung überzeugen

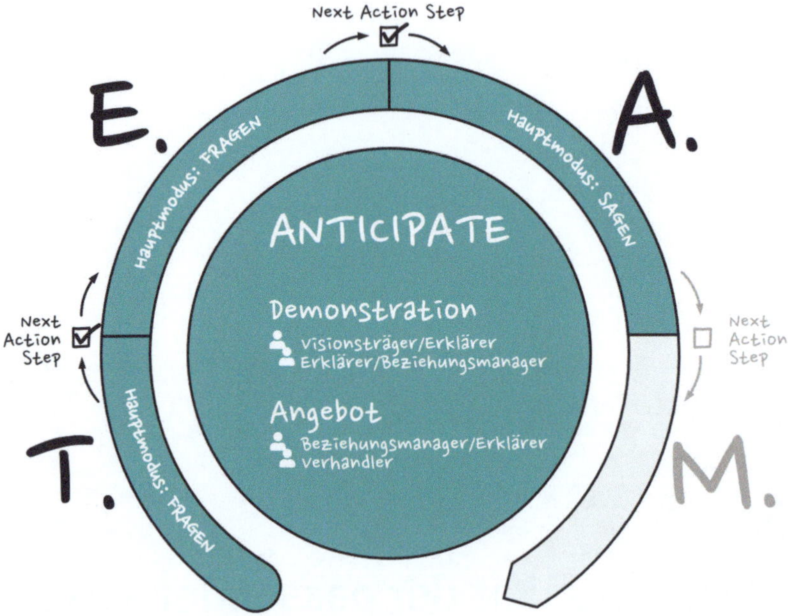

Abbildung 14: Der dritte Schritt der T.E.A.M.-Methode: ANTICIPATE.

Sie haben zusammen mit Ihrem Interessenten die Bedarfsanalyse abgeschlossen und nun den nächsten Prozessschritt »Anticipate« erreicht. Herzlichen Glückwunsch! Damit haben Sie einen großen Erfolg erzielt. Vielleicht wollen Sie mir hierbei widersprechen, schließlich wurde ja noch kein Kauf getätigt und kein Cent hat den Besitzer gewechselt. Stattdessen haben wir allerdings erfolgreich eine andere Währung eingesetzt, die uns unserem Ziel näherbringt: Die gemeinsam verbrachte, synchrone Zeit, der damit verbundene Vertrauenszuwachs und die Erkenntnis über den Nutzen unseres Interessenten.

Vom jetzigen Prozessschritt an sprechen wir nicht mehr von einem Lead: Die erste Qualifikation ist beendet, Bedarf ist vorhanden und konkretisiert. Aus dem Lead wird ein Interessent. Die Spur, die wir aufgenommen haben, hat uns in die vorliegende Anticipate-Phase geführt, in der wir nun gegenüber einem echten Interessenten über das sprechen dürfen, was uns vielleicht schon im Erstgespräch auf der Zunge lag, was wir aber noch weitestmöglich zurückhalten mussten: Wir sprechen nun über uns und unser Produkt.

Ziel dieser Phase ist es, ein überzeugendes und verhandlungsfähiges Angebot zu ermitteln. Dazu sind drei Dinge wesentlich. Diese Punkte liegen mir besonders am Herzen. Erstens, wie geht man mit gewonnenen Informationen aus den vorangegangenen Phasen, insbesondere der Bedarfsanalyse, um? Wie kann antizipiert werden, was der Kunde wirklich braucht? Hier hilft uns die Wissenschaft. Der zweite Komplex ist die Frage, wie man heute überzeugend das eigene Portfolio für den Kunden passend vermitteln kann. Das dritte Thema ist die Frage der Angebotsgestaltung. Wie können Angebote attraktiv erstellt und gestaltet werden und zu schnelleren Zusagen führen? Dazu gibt es neue Wege, die ein Umdenken lohnen.

5.1 Erkenntnisgewinn im Vertrieb

Bevor Sie ihre Microsoft-Powerpoint, Apple-Keynote, Google-Slides oder Ähnliches aus der virtuellen Schublade holen, Grafiken der Pokale Ihres Unternehmens und Ihre weltweiten Unternehmensstandorte präsentieren und Konfetti-Animationen von der Decke regnen lassen: Halten Sie einen Moment inne. Lassen Sie uns lieber klar erkennen, was wir bisher herausgefunden haben: Sie wissen bereits, dass gewonnene Informationen über einen Kunden sehr viel zu Ihrem weiteren Erfolg beitragen können, vor allem dann, wenn Sie sie nach dem Just-in-Time-Prinzip einsetzen können. Daher stellen wir die Informationsgießkanne lieber wieder zurück und vermeiden es, alle vorhandenen Informationen einfach nur auszuschütten.

Vielleicht fragen Sie sich nun, wohin Sie mit all den tollen Hochglanz-Marketingmaterialien sollen, die doch auf Messen in großen Mengen mitgenommen werden. Darauf kann ich Ihnen keine Antwort geben. Aber schließlich haben Sie dieses Buch gekauft, um neue Denkweisen kennenzulernen, und dazu möchte ich Ihnen eine weitere sehr wirkungsvolle alternative Methodik anzubieten.

Ich verspreche Ihnen nicht nur, dass diese Methode die erfolgreiche ist – ich werde es Ihnen beweisen. Ich werde Ihnen daher im Folgenden erläutern, wie im Vertrieb logische Schlussfolgerungen funktionieren. Logische Schlussfolgerungen haben einen großen Vorteil gegenüber unreflektierten Folienpräsentationen und Hochglanzprospekten: Sie können mit validen Erkenntnissen Ihren Verkaufserfolg steuern. Das ist wesentlich angenehmer, als nach dem Prinzip Hoffnung um den Kunden zu ringen.

Nutzen Sie besser Logikmethoden zur Informationsgewinnung

Auch wenn Sie Vertrieb vielleicht nicht direkt mit wissenschaftlichem oder philosophischem Vorgehen verbinden (selbst im Studium der Betriebswirtschaft ist Vertrieb oft nur ein Randthema), so werde ich Ihnen im vorliegendem Kapitel nun zeigen, wie die Philosophie, genauer: die philosophische Logik, dem Erkenntnisgewinn im Vertrieb dienen kann und wie wir diese für unser vertriebliches Handeln nutzbar machen können. Hierzu will ich Ihnen die Methoden der Induktion und der Deduktion nahebringen. Es sind grundlegende Denkwerkzeuge der Wissenschaft. Vielleicht sind Ihnen diese Begriffe ja bereits aus Schule oder Studium bekannt. Lassen Sie uns als Erstes kurz klären, was die Begriffe genau bedeuten: Deduktion (lateinisch deductio, Ableitung) nennt sich eine Methode, aus einer bekannten Regel oder einem etablierten Gesetz Erkenntnisse abzuleiten und aus diesem allgemeinen Gesetz auf Einzelfälle zu schließen. Es erfolgt also ein Schluss vom Allgemeinen auf das Besondere. Ich gebe Ihnen gerne ein Beispiel:

Beispiel Deduktion:
Annahme (Prämisse 1): Alle Menschen sind sterblich.
Beobachtung (Prämisse 2): Sokrates ist ein Mensch.
Schlussfolgerung (Konklusion): Sokrates ist sterblich.

Sind beide Prämissen wahr, ist auch die Konklusion zwingend wahr. Der Vorteil der Deduktion ist ihre Unfehlbarkeit bei der Wahrheitsüberprüfung einer Aussage. Der Nachteil dieser Methode ist allerdings, dass sie inhaltlich keine neuen Erkenntnisse bringt, weil die Regel (Prämisse 1) ja bereits jeden Einzelfall beinhaltet, ohne Ausnahme. Der Vorteil ist, wie gesagt, dass deduktive Schlüsse als sicher gelten können, weil die Regel eben keine Ausnahmen zulässt und bereits nach logischer Gültigkeit gehandelt wird. Natürlich müssen dafür beide Prämissen auch immer wahr sein, sonst entsteht ein deduktiver Fehlschluss. Ein Beispiel für einen solchen Fehlschluss könnte etwa so aussehen:

Beispiel für einen deduktiven Fehlschluss:
Annahme: Alle Philosophen arbeiteten als Taxifahrer.
Beobachtung: Immanuel Kant war kein Taxifahrer.
Schlussfolgerung: Immanuel Kant war kein Philosoph.

Ist die Regel (Alle Philosophen arbeiten als Taxifahrer) falsch, so ist auch die Schlussfolgerung (Immanuel Kant war kein Philosoph) falsch. Aus diesem Grund darf man nur von gesichertem Wissen deduktiv ableiten.

Die Induktion (von lateinisch inducere, herbeiführen) dagegen ist ein Weg, durch Beobachtung von Einzelfällen logisch auf das Allgemeine zu schließen und dadurch vorläufige Gesetzmäßigkeiten aufzustellen. Die Stoßrichtung ist also andersherum als bei der Deduktion. Es erfolgt ein Schluss vom Besonderen auf das Allgemeine. Auch hier besteht natürlich die Möglichkeit des Fehlschlusses. Ich gebe Ihnen gleich ein berühmtes Beispiel für einen solchen Fehlschluss:

Beispiel Induktion:
Annahme: Alle Schwäne sind weiß.
Beobachtung: Ich sehe etwas schwarzes.
Schlussfolgerung: Es kann kein Schwan sein.

Als Metapher steht der schwarze Schwan auch für ein gänzlich unerwartetes Ereignis. Tatsächlich kannte man in Europa lange Zeit nur weiße Schwäne, weshalb die angenommene Regel (Alle Schwäne sind weiß) auch als wahr galt. Da es aber in der Tat schwarze Schwäne gibt, ist die obige Schlussfolgerung falsch, so wahr sie sich auch anhört. Das hier vorliegende sogenannte Induktionsproblem birgt viele Unsicherheiten, da man nie über die gesamte Menge an Informationen verfügt, um eine tatsächlich allgemeingültige Aussage treffen zu können. Selbst die empirisch vorgehenden Naturwissenschaften haben dieses Problem, da sie nur Einzelfälle messen können, um daraus allgemeingültige Gesetze zu formulieren. Um dennoch induktive Schlüsse ziehen zu können, kann man sich darauf einigen, dass man durch Induktion aus einzelnen Fällen eine allgemeingültige Regel aufstellen darf, diese dann aber sofort korrigieren muss, sobald eine Beobachtung gemacht wird, die diese Regel widerlegt. Das Ziel dahinter ist Erkenntnisgewinn. Daher ist das Scheitern einer Regel auch hier ein Erfolg, und dass Scheitern ein Erfolg sein kann, ist Ihnen ja bereits aus dem ersten Kapitel bekannt. Das Induktionsproblem ist deshalb für die Anwendung der Induktionsmethode im Vertrieb kein wirkliches Problem, sondern sogar ein großer Vorteil – zumindest zu Beginn des Vertriebsprozesses. Es gibt uns den warnenden Hinweis, dass wir niemals alle Informationen sehen können und wir mit unseren Annahmen deshalb vorsichtig umgehen müssen.

Erinnern Sie sich an die Definition eines Leads? Und dass wir ihn als eine Spur, eine Annahme oder eine Hypothese bezeichnet haben? Aus Sicht der Wissenschaft sind wir hier nicht deduktiv, sondern induktiv vorgegangen. Denn sonst würden wir nicht vom unsicheren Lead, sondern vom sicheren Kunden sprechen. Deduktion würde in Bezug auf einen Kontakt bedeuten, dass wir sicher wissen, dass jemand kaufen wird. Sie erkennen, dass sich eine solche Aussage niemals als allgemeingültige Regel im Verkauf aufstellen lässt. Wäre das anders, würden wir schlicht keinen Vertrieb brauchen.

Während also die deduktive Logik nur angewendet werden kann, wenn man sicher sein kann, dass die Prämissen wahr sind, ist die induktive Logik sich quasi ihrer Unsicherheiten bewusst und kann somit in experimentellen Szenarien angewendet werden.

Dieses experimentelle Vorgehen haben wir mit der Lead-Generierung (der Annahme), dem Appointment Call (dem Fall) und der Bedarfsanalyse (dem Schluss) angewendet. Erst, wenn der Lead uns sagt, dass sie oder er einen Bedarf hat, können wir unsere Annahme bestätigen und den Lead zum Interessenten konvertieren. Klingt logisch, oder? Leider befolgen die wenigsten Vertriebler diese Logik. Sie gehen meist deduktiv vor, wie ich Ihnen an einem Beispiel illustrieren möchte:

Nehmen wir an, es gäbe auf der Welt nur wenig Apfelbäume und Sie würden welche verkaufen. Der Werbeslogan Ihrer Firma, der Apfelbaum GmbH & Co. KG, wäre vielleicht: »Wir pflanzen die besten Apfelbäume für Ihren Genuss!« Wie sähe Ihre Produktbroschüre aus? Was wären die Eigenschaften, die Merkmale der Bäume, die Sie beschreiben würden? Wahrscheinlich würden Sie erst mal auf alle Details eingehen; es gibt einen Stamm, Äste, Blätter, Wurzeln und natürlich – Äpfel. Äpfel sind ein großer Vorteil von Apfelbäumen gegenüber Bäumen, die keine essbaren Früchte tragen. Was ist der angenommene Nutzen solcher Bäume für Ihre Kunden? Natürlich ihre Funktion als Luftaufbereiter und vor allem die leckeren Äpfel, die viel mehr Elektrolyte und Mineralien enthalten als etwa Orangen oder Pfirsiche. Zudem zeigen neueste Studien, dass in Äpfeln enthaltenes Quercetin und andere Polyphenole in der Lage sind, schädliche freie Radikale und die Auswirkungen von sogenanntem oxidativem Stress auf die Zellen stark zu vermindern. Was für ein Unique Selling Point (Alleinstellungsmerkmal). Der Apfel ist eine absolute Superfruit. Klingt toll, oder? Also kippen wir unsere Broschüren, Factsheets und Kundenpräsentationen von den besten Äpfel der Welt über unseren Lead aus. Zu dumm nur, dass der Lead Ihnen erst nach Ihrem Pitch offenbart, dass er an einer Apfelallergie leidet.

Wie sieht nun eine Produktpräsentation aus, die sich der Logikmethoden Deduktion und Induktion bedient?
Sie kommunizieren nicht länger Ihre Annahmen, sondern sie gehen induktiv vor. Vor allem den Bedarf des Leads gilt es induktiv zu behandeln, zu beobachten und den Lead schließlich den eigenen Nutzen selbst erkunden zu lassen. So könnten Sie im Beispiel herausfinden, dass Ihr Gegenüber den größten Nutzen eines Apfelbaumes darin sieht, dass dieser ein dichtes Blätterdach hat, das Schatten spendet, wodurch er sich wiederum Kühlung im heißen Sommer erhofft. Das wären sein individueller, ganz persönlicher Genuss und sein Nutzen gewesen.

Worin lag also nun der typische Fehlschluss? Schauen wir uns dies nochmals an:

Deduktiver Fehlschluss im Vertrieb:

Annahme: Alle Leads mögen Äpfel.
Beobachtung: Herr Müller ist ein Lead.
Schlussfolgerung: Herr Müller mag Äpfel.

Sie erkennen den Fehlschluss. Ein typischer Fehler in Verkaufsgesprächen, der täglich tausendfach passiert. Mit induktiven Annahmen würden wir in der frühen Verkaufsphase hier weitaus vorsichtiger vorgehen. Ich gebe Ihnen auch dafür ein Beispiel.

Induktives Vorgehen im Vertrieb:

Annahme: Frau Schmitt ist ein Lead, Herr Mayer ist ein Lead, Frau Ritter ist ein Lead.
Beobachtung: Frau Schmitt isst gerne Äpfel, Herr Mayer isst gerne Äpfel, Frau Ritter isst gerne Äpfel.
Schlussfolgerung: Alle Leads essen gerne Äpfel.

Wichtig, um den genauen Unterschied zwischen beiden Methoden zu verstehen, ist das Wort »alle«. Während in der Deduktion »alle« die Gesamtheit aller existierenden Leads als Menge meint (also alle Leads und Vorinteressenten weltweit), ist in der Induktion »alle« lediglich auf die tatsächlich beobachteten Leads (Schmitt, Mayer, Ritter) bezogen. Zwar vermutet man nun, dass das auch für diejenigen zutrifft, die sich außerhalb der beobachteten Menge befinden, da es sich aber um eine unsichere Erkenntnis handelt, ist klar, dass man jederzeit einen Lead treffen kann, der keine Äpfel mag. Dann ist die durch Beobachtung gewonnene Regel widerlegt, ein oben vorgestelltes Induktionsproblem ist eingetreten. Das aber ist normal innerhalb der Logik, damit ist immer zu rechnen.

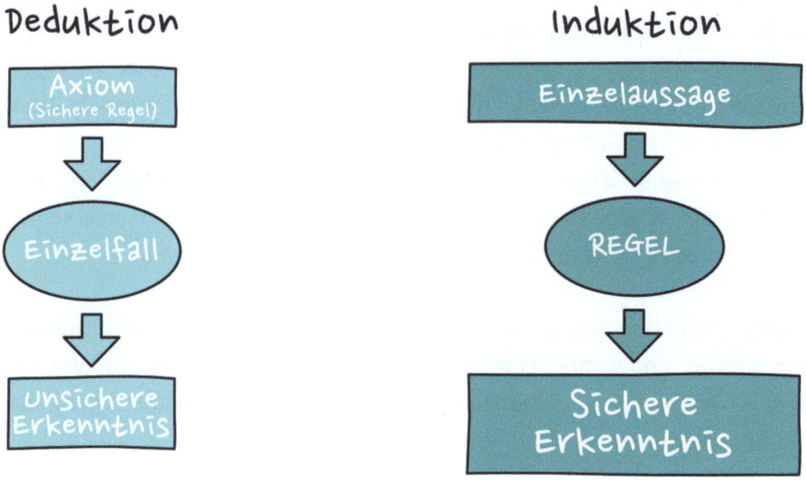

Abbildung 15: Während die logische Methode der Deduktion oft zu Fehlschlüssen und unsicheren Erkenntnissen führt, erlaubt das induktive Vorgehen sichere Erkenntnisse auch für den Vertrieb.

Aus diesem Grund gehen wir auch nicht mit einer ausgesprochenen, präsentierten Regel in die Bedarfsanalyse: »Herr Müller, ich weiß, Sie lieben Äpfel, hier ist Ihr Apfelbaum!« Stattdessen sind wir uns des Problems bewusst, dass

Herr Müller nicht zur Menge der beobachteten Leads gehören kann und deshalb auch eine neue Erkenntnis (Herr Müller mag keine Äpfel) erfolgen könnte. Wir behandeln das Problem also lieber mit einer Frage: »Herr Müller, mögen Sie Äpfel?« Wenn diese Frage verneint wird, wissen wir, dass es wohl einen anderen Grund geben muss, aus dem Herr Müller der Bedarfsanalyse zum Thema Apfelbäume zugesagt hat. Was kann das sein? Finden Sie es heraus!

Sie können nun erkennen, dass die T.E.A.M.-Methode aus Erstellung der Buyer Persona, Lead-Generierung, Terminanruf und Bedarfsanalyse so konzipiert wurde, dass sie nicht nur auf den psychologischen Regeln des Beziehungsaufbaus basiert, sondern auch auf einer rational-analytischen Vorgehensweise der Logik. Sie sehen, dass die induktive Methode, vom Einzelfall auszugehen, in der frühen Verkaufsphase bis zu der Bedarfsanalyse viele Vorteile gegenüber der Deduktion hat.

Wie sieht es aber bei dem nun folgenden Prozessschritt, der Demonstration, aus? In der Demonstration soll ja über Erkenntnisse gesprochen werden, die durch die Bedarfsanalyse vom Interessenten selbst entdeckt wurden. Da diese direkt von der Quelle kommen, kann man von gesicherten Erkenntnissen sprechen. Sie verstehen, worauf ich hinauswill.

Da die Deduktion gesicherte und damit korrekte Annahmen benötigt, um ein gültiges und wahres Ergebnis zu produzieren, können wir nun von der induktiven Denkweise zur deduktiven wechseln. Wir haben diese gesicherten Informationen, doch worauf leiten wir sie konkret ab?

The FABulous three: Features, Advantages, Benefits

Im Vertrieb gibt es schon seit Langem die Unterscheidung zwischen den Produktmerkmalen (Features), Vorteilen des Produktes (Advantages) und den Nutzen (Benefits). Wir wollen diese etablierte Einteilung aus einer neuen Perspektive betrachten. Doch zunächst will ich Ihnen zeigen, wie die Definition dieser Begriffe aussieht:

Ein Feature ist ein beschreibendes Attribut oder ein Merkmal Ihres Produktes oder Ihrer Dienstleistung. Es ist quasi ein zum Produkt gehörender Bestandteil oder eine von der Dienstleistung nicht trennbare Eigenschaft. Ich will Ihnen das am Beispiel eines Fernsehers vor Augen führen: Wenn Sie in die Fernsehabteilung eines Elektrofachmarkts gehen (und Sie dem Stress der von allen Seiten auf Sie einstürzenden Bilder standhalten können), werden Sie an jedem Fernseher einen kleinen Aufsteller mit seinen Merkmalen entdecken: »Auflösung 8K, OLED-Display, 65 Zoll Durchmesser« und so weiter. All das sind Eigenschaften dieser Fernseher. Dumm nur, dass die gleichen Features bei so gut wie jedem Fernseher in unmittelbarer Nähe aufgelistet werden. Wodurch unterscheiden sich all diese Fernseher denn nun? Könnte ich jeden beliebigen nehmen? Aber warum sind dann hier überhaupt Dutzende Fernseher aufgestellt und nicht nur einer? Bei der Frage nach der Unterscheidung helfen uns vielleicht die Advantages, also die Vorteile des Produktes, weiter.

Ein Vorteil ist die Eigenschaft, in der ein bestimmtes Produkt besser ist als alle anderen. Welchen Vorteil hat also das Produkt gegenüber den benachbarten Marktbegleitern an der Fernsehfront? Zwei konkurrierende, sehr ähnliche Fernseher könnten etwa beide 8K-Auflösung haben. Der eine hat aber zusätzlich eine höhere Farbtiefe. Die Farbtiefe für sich allein genommen ist nur ein Feature, also ein Produktmerkmal. Im Vergleich mit dem Konkurrenzprodukt und in Kombination mit der bei beiden gleichen Eigenschaft »Auflösung 8K« wird die höhere Farbtiefe aber zum Vorteil und Kaufargument.

All diese Features und Advantages haben allerdings erst einmal einen Nachteil. Sie beantworten Ihnen nicht die Fragen: »Brauche ich das? Will ich das? Was nützt mir das?« In diesem konkreten Fall vielleicht: »Wieso soll ich mir einen teuren, großen Fernseher mit hoher Auflösung kaufen? Reicht da nicht ein kleinerer, günstigerer? Was ist mein konkreter Nutzen von einem großen?« Das kommt natürlich auf das Szenario an: Möglicherweise ist der Platz für Ihren Fernseher weiter weg von Ihrem Sofa, Sie haben vielleicht etwas schlechtere Augen und benötigen daher ein hochauflösendes Bild, damit Sie mehr sehen. Oder Sie sind Kino-Fan und wollen zu Hause ein kinoähnliches Erlebnis haben. Oder Sie brauchen ein solches Gerät für Ihr Büro, etwa im großen Sitzungssaal. Weil oft die Sonne auf den bisherigen Präsentationsfernseher schien und damit das Bild unbrauchbar wurde, erhoffen Sie sich von einem hochauflösenden Fernseher mit besserer Hintergrundbeleuchtung ein deutlich besseres Bild in dieser Situation. Sie sehen, der Nutzen ist immer individuell und kann nur schwer vorausgesagt werden. Deshalb sollte man hier auch induktiv vorgehen, wie ich weiter oben beschrieben habe. Ich möchte sogar noch weiter gehen und eine Regel formulieren:

»Ein Nutzen ist nur dann wirklich ein Nutzen, wenn der Interessant diesen explizit vor uns benennt. Nützlich sind Informationen nur dann, wenn sie im Zusammenhang mit seinem geäußerten Nutzen stehen.«

Wie schon erwähnt, ist die FAB-Einteilung seit Jahren etabliert und ich finde sie sinnvoll. Ich habe Ihnen aber eine neue Perspektive versprochen, eine neue Herangehensweise. Wie Sie am Beispiel der Fernsehgeräte gesehen haben, geht ein Verkaufsprozess (vor allem im B2C-Bereich) meistens von den Features aus. Die Bündelung der Features lässt uns erahnen, warum das eine Produkt besser sein soll als das andere, zeigt uns aber zunächst nicht auf, warum es wichtig für uns sein sollte. Doch das ist eben genau der Punkt, um den es eigentlich gehen sollte, oder nicht? Diese (fragwürdige) Vorgehensweise der Feature-Präsentation ist nicht nur im B2C-Bereich, sondern auch im B2B gängig, funktioniert aber im B2B noch schlechter als im B2C. Das ist auch der Grund, aus dem wir unsere Präsentationen besser in der virtuellen Schublade lassen sollten und eine aufwendig gestaltete Website nicht unbedingt Ihre Top-Priorität sein sollte: Die Darstellung der Produkte oder Dienstleistungen alleine sagt nichts über den persönlichen Nutzen für Ihre Interessenten aus. Anders ausgedrückt: Sie sind nutzlos.

Die oben aufgestellte Regel besagt: Nur selbst benannter Nutzen ist auch wahrer Nutzen. Diese Benennung kann auch nur verbal und persönlich durch den Interessenten erfolgen. Wir sind bei dem Erkenntnisgewinn in

Lead Generation, Appointment Call und Bedarfsanalyse induktiv, also von einzelnen unsicheren Prämissen ausgegangen. Ab jetzt können wir unseren Ansatz verändern, weil wir gesicherte Informationen aus unserer Bedarfsanalyse haben. Von nun an nehmen wir den persönlichen Nutzen des Interessenten als Ausgangspunkt und leiten von hier aus deduktiv die für den Interessenten relevanten Features und Advantages ab. Somit lösen wir das Rätsel, über das sich Marktforscher, Trendanalysten und Marketingexperten seit Jahrzehnten den Kopf zerbrechen: Was will der Kunde? Doch halt! Der mögliche Kunde hat uns seinen Nutzen selbst und persönlich genannt. Gut, das war einfach. Und jetzt?

Nehmen wir nochmals unser Apfelbaum-Beispiel aus den vorangegangenen Seiten auf. Die erste Annahme, dass unser Interessent gerne Äpfel isst, hat sich durch unsere Fragen in der Bedarfsanalyse nicht bestätigt. Da wir nicht im Präsentationsmodus eingestiegen sind, ist das nicht weiter schlimm. Der Interessent weiß ja nicht, auf was wir hinarbeiten. Wir konnten also in einem weiteren Schritt problemlos den tatsächlichen Nutzen herausarbeiten: Er will Schatten im Sommer. Von diesem Nutzen ausgehend können wir die für ihn relevanten Merkmale und Vorteile deduktiv ableiten. Da die Prämisse (in diesem Fall der benannte Nutzen) wahr ist, werden auch die von ihr abgeleiteten relevanten Features und Advantages in einer Demonstration zum Bedarf und zur Vorstellung des Interessenten passen. Wir antizipieren also auch die Situation der Demonstration und arbeiten im Sinne der Erwartungshaltung des Interessenten. Wir leiten ab, was der Interessent in einer Demonstration zu sehen erwartet und welche Features und Advantages seinen Nutzen unterstützen.

Im Beispiel des Apfelbaums ist der benannte Nutzen also wie gesagt Schatten. Wie entsteht nun Schatten? Durch Äste (Feature 1) und ein an ihnen wachsendes, dichtes Blätterdach (Feature 2). Ein Vorteil könnte nun sein, dass unsere Baumsorte besonders dichte Blätter hat (Advantage 1) oder dass wir ein Kombipaket aus zwei Bäumen anbieten können (Advantage 2). Vielleicht haben wir auch einen Gärtnerservice im Angebot, den wir hinzufügen können, und der auf den guten Wuchs und die korrekte Pflege des Baumes achtet, damit das Blätterdach sich auch gut entfaltet. Sie merken, eine solche Demonstration oder Präsentation ergibt wesentlich mehr Sinn als die allgemein vorbereiteten Folien, die nun virtuell verstauben dürfen und sich in ihre digitalen Bestandteile zersetzen. Das ist aber kein Verlust, denn Sie kennen jetzt logische Denkweisen und wissen, wie man sie im Verkauf richtig anwendet.

Wir haben nun die explorative Bedarfsanalyse und ihre Nachbereitung verlassen. Jetzt geht es darum, dass Sie oder Ihre Kollegen im Verkaufsteam die aus ihr gewonnenen Erkenntnisse nutzen (Stichwort Exploitation). Sie und Ihre Kollegen sollten nun die fleischgewordene Powerpoint-Präsentation sein, die in der Anticipate-Phase für den Nutzen des Kunden präsentiert, demonstriert und argumentiert.

5.2 Näher am Kunden: Mehr demonstrieren, weniger präsentieren

Nachdem wir nun in der Bedarfsanalyse den Bedarf geklärt haben, dafür gesorgt haben, dass die Interessentin Ihren Nutzen möglichst selbst benennt und zu Beginn der Anticipate-Phase (die auch als Nachbereitung der Bedarfsanalyse gesehen werden kann) deduktiv herausgearbeitet haben, welche die relevanten Features und Advantages sind, haben wir den Bausatz für unsere perfekte Präsentation eigentlich an der Hand. Leider passieren aber auch danach häufig Fehler: Statt nun eine professionelle Demonstration zu erstellen, was natürlich Zeit kostet, wird gerne schnell etwas zusammengestückelt, was man eben schon vorliegen hat, ein paar tolle Erfolge des Unternehmens werden eingestreut, die internationale Aufstellung der Filialen natürlich ganz zu Beginn, und schon wiegt man die Interessentin mit einhundertfünfzig wunderbaren Powerpoint-Folien in den sanften Dämmerschlaf. Oder noch besser: Am besten die Präsentation einfach per E-Mail verschicken, dann bedarf es auch nicht des überflüssigen

Aufwands, zu reden, während die Interessentin schläft. Sollte die per Mail verschickte Präsentation die Interessentin noch nicht überzeugen, greift man einfach zum Mittel der Wiedervorlage, danach kann man eine DIN-A4-Seite des Angebots mit den Preisen verschicken und der Verkaufsprozess ist abgeschlossen. Damit wäre auch dieses Kapitel eigentlich beendet und Sie können direkt in die Move-Phase im nächsten Kapitel weitergehen.

Sie merken, ich nehme Sie auf den Arm. Aber um Präsentationen, E-Mails und Wiedervorlagen wird es jetzt tatsächlich gehen. Allerdings wollen wir sie für unsere Leistungskommunikation doch etwas smarter einsetzen.

Der Unterschied zwischen präsentieren und demonstrieren

Sie haben auch gemerkt, oder ahnen es bereits seit dem Kapitel über die Unterschiede zwischen Vertrieb und Marketing (siehe Kapitel 1.2, Seite 24), dass ich kein großer Freund von Präsentationen bin. Aber ich will sie auch nicht zu sehr in Misskredit bringen. Es gibt durchaus Anlässe, zu denen eine wirklich gut gemachte Präsentation ihre Berechtigung hat und auch die gewünschte Wirkung zeigt. In den allermeisten Fällen aber, so glaube ich, ist es besser, die Demonstration einer Präsentation vorzuziehen. Erinnern Sie sich an das Beispiel mit den beiden Autoverkäufern? Während der erste sein Produkt präsentiert und der Interessentin einen Vortrag über die Vorteile des Autos hält, vor dem sie steht, lädt der zweite sie zu einer Probefahrt ein. Dass die Probefahrt, also eine Demonstration der Eigenschaften des Autos, die ungleich immersivere und eindrücklichere Variante des Verkaufens ist, liegt auf der Hand. Beide Verkäufer haben allerdings den Fehler gemacht, die Interessentin nicht vorab zu ihrer Nutzenerwartung zu befragen, und so waren weder die Hochglanzbroschüren des einen noch die Demonstration des anderen von einem Verkaufserfolg gekrönt. Ausschlaggebend war letztlich der zu kleine Kofferraum. Die Interessentin fand den Sportwagen vielleicht ganz schick, aber ihrem Bedarf entsprochen hat er nicht. Den beiden Verkäufern sei ihre Unkenntnis verziehen – so früh im Buch konnten ja auch beide noch nichts von den Details der Bedarfsanalyse ahnen.

Im B2B-Bereich kommt eine weitere Herausforderung hinzu. Es sind oftmals komplexe Leistungsbündel zu verkaufen, die um ein Vielfaches erklärungsbedürftiger sind. Je komplexer das Produkt jedoch ist, desto schwieriger wird auch das.

Damit die gewünschte Wirkung erzielt wird, muss man selbst bei einer simplen Broschüre oder Powerpoint-Präsentation viel Aufwand betreiben. Wenn Sie eine fähige Marketingabteilung haben oder eine Agentur, die Sie dafür gut entlohnen, ist das natürlich hilfreich. Nur tun Sie sich selbst den Gefallen und fangen Sie nicht an, als Sales-Mitarbeiter oder gar Geschäftsführer Präsentationen zu erstellen. Wenn Sie nicht selbst einen Design- oder Grafik-Hintergrund haben, wird man das Ihrer Präsentation anmerken. Ihre Interessenten und Kunden haben schon viele Präsentationen gesehen, schließlich ist das (bis jetzt) der Standard. Die meisten sind dadurch vielleicht etwas verwöhnt und riechen eine langweilige, amateurhafte Präsentation vierundzwanzig Folien gegen den Wind. Lassen Sie also besser die Profis ran. Lassen Sie diese für alle potenziellen Benefits separate Präsentationen mit den richtigen Features und Advantages erstellen. Damit vermeiden Sie von vornherein das Gießkannenprinzip und können später zielgerichtet präsentieren. Arbeiten Sie also lieber mit vielen kleinen Präsentationen als mit einer Master-Präsentation, die alles beinhaltet. Oft entgegnen mir hier Vertriebsmitarbeiter, dass man ja Folien auch einfach überspringen kann. Glauben Sie mir, dadurch werten Sie sowohl Ihre Präsentation als auch Ihre Zuschauer ab. Sie zeigen damit lediglich, dass es in Ihrem Produkt Dinge gibt, die nicht für den aktuellen Zuschauer bestimmt sind, und dass Ihr Produkt oder Ihre Dienstleistung eben doch keine klare und individuelle Lösung darstellt.

Eine gute Präsentation ist also möglich, aber sehr aufwendig, wenn sie wirklich professionell und ansprechend sein soll. Dabei bieten sich doch viele Produkte gut an, eine Demonstration durchzuführen und den Interessenten selbst erfahren zu lassen, wie es sich anfühlt, das Produkt zu benutzen. Lassen Sie also Ihr Produkt möglichst selbst sprechen. Damit sparen

Sie sich Zeit und Ressourcen und können Ihre tatsächlichen Fähigkeiten als Sales-Mitarbeiter besser auf den einzelnen Interessenten zugeschnitten einsetzen. Bei der Demonstration geht es nicht darum, zum Beispiel eine Software bis ins letzte Detail vorzuführen. Es muss nicht noch der letzte Button angeklickt und das letzte Dropdown-Menü aufgeklappt sein, sodass man am Ende zwei Stunden mit dem Produkt zugebracht hat und der Interessent nicht mehr weiß, wo oben und unten ist. Wir haben schließlich die Erkenntnisse aus der Bedarfsanalyse. Wir wissen, was der Interessent tatsächlich will und braucht. Also zeigen wir ihm das, und nur das. Wenn darüber hinaus Fragen auftreten, wird er diese stellen. Und falls nicht, können wir ihn dazu ermutigen, genau das zu tun. Wichtig ist im Fall der Demonstration, dass der Interessent eine eigene Erfahrung mit dem Produkt macht. Es ist zum Beispiel auch ein großer Unterschied, ob er das Produkt vorgeführt bekommt oder er es unter Anleitung selbst erleben und benutzen kann. Bei der Demonstration einer Software etwa könnte man beispielsweise durch Fernzugriff die Interessentin durch ein grafisches Interface klicken lassen, statt dass man sie nur die Inhalte passiv konsumieren lässt. Die Immersion ist dabei der springende Punkt. Das heißt, die Interessentin muss das Gefühl haben, selbst Teil eines wirklichen Erlebnisses zu sein, statt nur ein Erlebnis vorgeführt zu bekommen, bei dem sie bestenfalls Zuschauerin ist.

»Und wenn ich nun kein Produkt verkaufe, das sich demonstrieren lässt, was, wenn ich eine Dienstleistung anbiete?«, wenden Sie nun vielleicht ein. Dann führen Sie Ihre Dienstleistung eben in einem persönlichen Meeting vor. Sie müssen es ja nicht Demonstration nennen. Zeigen Sie in einer Face-to-Face-Situation, was Sie tun, was Sie können. Wenn Sie Beratung anbieten, dann führen Sie diese Beratung mit Ihrem Interessenten zum Beispiel im Kennenlerngespräch durch. Wenn Sie Websites designen, erstellen Sie in der Demonstration eine Skizze und veranschaulichen Sie Ihre Überlegungen für Ihren Interessenten. Überlegen Sie, wie Sie das, was Sie anbieten und beherrschen, hier einsetzen können, um den Interessenten zu überzeugen. Wie wir schon gesehen haben, sollte dieser Überzeugungsvorgang von innen kommen, das heißt, der Interessent muss Ihr Produkt, Ihre Leistung vor Augen geführt bekommen, um dann selbst entscheiden zu können: »Ja, die können das, das ist gut, das überzeugt mich.«

Das Vor-Augen-Führen, das Veranschaulichen, ist zentral für die Demonstration: Viel wirksamer und eindrücklicher als die reine Präsentation von Zahlen, die etwa die Höhe eines Wolkenkratzers benennen, ist doch beispielsweise, zu Füßen dieses Wolkenkratzers zu stehen und den Kopf in den Nacken zu legen, um seine Höhe erfassen zu können. Oder, um nochmals zum Auto-Beispiel zurückzukommen: Die Motorleistung im Datenblatt zu studieren, und sei es noch so edel gestaltet, ist etwas anderes, als selbst das Gaspedal durchzutreten und von der Beschleunigung in den Sitz gedrückt zu werden.

Sollte es unter keinen Umständen möglich sein, eine Demonstration für Ihr Produkt oder Ihre Dienstleistung durchzuführen, und müssen Sie auf eine reine Präsentation zurückfallen, dann besinnen Sie sich darauf, was Sie in der Bedarfsanalyse erarbeitet haben. Arbeiten Sie hier eng mit Ihrer Marketingabteilung oder Werbeagentur zusammen. Sie als Vertriebsmitarbeiterin haben die meisten direkten Kenntnisse des Marktes. Sie sind die Speerspitze. Berichten Sie Ihren Marketing-Kollegen davon, wie Sie sie bestmöglich unterstützen können. Halten Sie also keine Präsentation, in der Ihr Produkt oder Ihre Dienstleistung im Mittelpunkt steht und Ihr Unternehmen möglichst ins beste Licht gerückt wird. Wenden Sie stattdessen Ihre Erkenntnisse aus der Bedarfsanalyse auf die Präsentation an. Falls vorhanden, wählen Sie aus Ihrem Fundus an bestehenden Präsentationen die passende aus. Wählen Sie diejenige, die genau den Interessenten, sein Szenario und seinen erwarteten Nutzen widerspiegelt. Was sich in meiner Erfahrung als sehr nützlich erwiesen hat, sind sogenannte Case Studies, in denen gezeigt werden kann, wie das Produkt in einem ganz bestimmten Fall bereits einem anderen Kunden geholfen hat. So kann anhand der tatsächlichen Anwendung detailliert präsentiert werden, wie in einem bestimmten Szenario Bedarf und Nutzen zusammenhängen. Mit etwas Übertragungsleistung wird es dem

Interessenten auf diese Weise möglich, den eigenen Nutzen, der ihm durch die Eigenschaften und Vorteile des Produkts entsteht, zu antizipieren.

Demonstration ist Teamarbeit

Ein weiterer wesentlicher Unterschied zwischen der Präsentation und der Demonstration ist, dass eine Präsentation ganz gut von einer einzelnen Person allein gehalten werden kann. Bis heute ist in den meisten Betrieben der Vertrieb eine Einzelleistung und kein Teamsport. Das erklärt auch, warum Präsentationen so beliebt sind. Bei Demonstrationen ist die Durchführung durch eine einzelne Person nicht sinnvoll, manchmal sogar unmöglich. Das persönliche Treffen zum Zweck der Demonstration unseres Produkts oder unserer Dienstleistung ist also nun der erste Zeitpunkt, zu dem wir von einer bilateralen Kommunikation in eine multilaterale Kommunikation wechseln. Das bedeutet, dass wir allein bisher mit einem einzigen Ansprechpartner in Kontakt waren, dass wir uns von nun an aber Verstärkung aus unserem eigenen Team holen und den Ansprechpartner ermutigen, das in seinem Team ebenfalls zu tun. Sie merken: Wir sind nun mitten im Pair Selling.

Welche Personen im Team des Ansprechpartners zur Demonstration anwesend sein werden, hängt natürlich vom Produkt und der Situation ab. Auf jeden Fall aber sollten sie aus dem Buying Center stammen, also aus dem Kreis der Personen, die im Einkauf auch entscheidungsberechtigt sind oder auf die Entscheidung Einfluss haben. Sie erinnern sich, ich habe vom Buying Center bereits in Kapitel 3 gesprochen, als es um die Buyer Persona ging. Die teilnehmenden Personen werden nun je nach ihrer Funktion im Unternehmen verschiedene Interessenschwerpunkte und Fragen zum Produkt haben. Wir versuchen, diese zu antizipieren, konzentrieren uns aber vor allem auf die Features und Advantages, die zu den in der Bedarfsanalyse herausgefundenen Benefits passen. Die Auswahl der relevanten Information sollte wieder nach dem Just-in-Time-Prinzip (siehe Seite 121) erfolgen. Die relevanten Inhalte zum richtigen Zeitpunkt auf den Tisch zu legen, ist auch in der Demonstration eines der wichtigsten Prinzipien. Durch die Bedarfsanalyse kennen Sie den Erwartungshorizont Ihres Ansprechpartners bereits. Versuchen Sie, diesen in der Demonstration zu treffen. Wie oben für die Präsentation bereits erwähnt, hilft es auch der Demonstration, wenn Ihr Produkt bereits Kundenunternehmen in ähnlich gelagerten Szenarien geholfen hat. Sie können diese Fälle dann als Beispiele zur Verdeutlichung, als Referenz oder sogar als Case Study verwenden.

Das bringt uns zu Ihrem Team. Denn spätestens von nun an stehen Sie auf der Verkaufsseite nicht mehr allein vor dem Interessenten, sondern sind Teil eines Teams, das auch sichtbar ist. Von nun an treten Sie mit Kolleginnen oder Kollegen mindestens paarweise auf. Sie erinnern sich an die Rollen aus unserem System des Pair Selling (Seite 57): Nahmen Sie bisher die Rolle des Beziehungsmanagers ein, der die Bedarfsanalyse durchgeführt hat, so bringen Sie zur Demonstration auf jeden Fall noch den Erklärer oder die Erklärerin mit. Als Expertin für das Produkt wird sie jede inhaltliche Frage beantworten können und ist bestens geeignet dafür, das Produkt zu demonstrieren. Je nach Anwesenden im Team der Käuferseite ist es ratsam, auch den Visionsträger mitzubringen, der ja oft durch die Geschäftsführung repräsentiert ist. Denn meist ist bei wichtigen Kaufentscheidungen der Geschäftsführer des Kundenunternehmens ebenfalls anwesend, und so ist es sinnvoll, auch auf Ihrer Seite paritätisch zu besetzen. Das heißt, es sollte eine Person anwesend sein, die den gleichen Status oder die gleiche Position in Ihrem Unternehmen innehat. So wird eine gemeinsame Augenhöhe hergestellt, was die Kommunikation unter Umständen erleichtert.

5.3 Das Angebot, wie Sie es wahrscheinlich noch nie betrachtet haben

Kommen wir nun dazu, wie Sie Ihr Angebot aufbauen und strukturieren können. Sie werden gewohnte und neu geordnete Inhalte erkennen. Deshalb möchte ich Ihnen zunächst erläutern, warum wir die Neuordnung benötigen.

Das Angebot ist eine Bruchstelle im Vertrieb

In den meisten Vertriebsprozessen von Unternehmen lassen sich typischerweise zwei Bruchstellen beobachten: erstens die Akquise- und zweitens die Angebotsphase. Mit Bruchstelle ist eine kommunikative Bruchstelle gemeint: Personen sind in regem Kontakt und dann bricht plötzlich und (zumindest gefühlt) völlig grundlos der Austausch ab. Viele Vertriebsmitarbeiterinnen und -mitarbeiter verstehen nicht, warum, und es wirkt für sie schon fast willkürlich. Aber wie vieles in der Logik und Rhetorik des Vertriebes hat dies einen klaren Grund: Wir brechen nach der Bedarfsanalyse mit der Art der Kommunikation. Es erfolgt ein Wechsel von der verbalen zur schriftlichen Kommunikation. Das hat meist ganz einfache, sachliche Gründe in der Komplexität des Angebots. Ein Wechsel des Kommunikationskanals ist, dass wissen alle Marketingexperten, immer ein Umstand, der zu Abbrüchen führt. Und tatsächlich springen abgesehen von der Erstansprache potenziell die meisten Interessenten in unserem mühevoll erarbeiteten Prozess nun ab. Welche Gründe hat das?

Ein Bruch mit der bisherigen Kommunikation entsteht vor allem, wenn wir ein Angebot verschicken, wie es in der Breite der deutschen Unternehmen üblicherweise aussieht. Bis zu diesem Punkt haben wir uns bemüht, uns möglichst auf den Nutzen des Kunden zu fokussieren, ihn in den Mittelpunkt zu stellen, alles zu tun, um ihm oder ihr die beste Lösung für ihr Szenario anzubieten, sie mit Wertschätzung und Transparenz zu bedenken, und nun? Nun versenden wir die übliche DIN-A4-Seite mit ein paar Leistungspositionen, Quantitäten, Preisen, Zwischensummen, netto, brutto, Gesamtsumme, vielleicht noch die AGB im Kleingedruckten und in blassem Grau, das war es dann. Ist das konsistent? Passt diese Art Angebot in unser bisheriges Verhalten? Natürlich nicht. Es ist intransparent, generisch, austauschbar und wird nicht im Geringsten dem Anspruch an die Wertschätzung gerecht, die wir unseren Interessenten bisher entgegenbrachten. Aus diesem Grund möchte ich Ihnen einen Vorschlag machen, wie Sie trotz des Wechsels des Kanals vom verbalen auf den schriftlichen eine möglichst konsistente Kommunikation an den Tag legen können.

Wie vermeiden Sie also einen konkreten Abbruch der Kommunikation an dieser Bruchstelle? Ich denke, der wichtigste Tipp dabei ist, das Angebot gleich mit einem NAS, einem Next-Action-Step, zu verbinden (siehe Seite 136). Denn verschicken Sie nur eine E-Mail mit dem angehängten Angebot, ohne im Vorfeld einen nächsten handlungsfähigen Schritt verhandelt zu haben, sind Sie auf die Reaktion der Empfänger angewiesen. Eine Rückmeldung kann aber häufig ausbleiben. Selbst ein gut gemeintes »Schicken Sie mir Ihr Angebot und ich melde mich wieder bei Ihnen« lässt uns die Kontrolle innerhalb des Prozesses verlieren. Die Verbindlichkeit einer E-Mail ohne eine konkrete Terminabsprache ist nicht besonders hoch. Zudem ist die in der Demonstration hergestellte Bindung zum Produkt oder der Dienstleistung, vielleicht sogar die hervorgerufene Euphorie, nach einiger Zeit auch wieder verblasst, sodass die Motivation zur Reaktion unter Umständen nicht mehr die größte ist. Vereinbaren Sie stattdessen also lieber einen Next-Action-Step vom Typ 2, also einen verbindlichen handlungsfähigen Schritt, für das Angebot.

Tun Sie das auch möglichst bald nach dem Demonstrationstermin, um das darin erreichte Aktivierungslevel möglichst nicht zu verlieren. Hierzu gibt es zwei Möglichkeiten: Zum einen können Sie einen nächsten Telefon- oder Meeting-Termin zur Angebotserläuterung vereinbaren und den Interessenten das Angebot erst kurz vor diesem Termin zukommen lassen. Oder Sie gehen noch einen Schritt weiter und einigen sich gleich auf einen Termin, bei dem Sie das Angebot sozusagen live präsentieren und erläutern.

Je nach Persönlichkeitstyp der Interessenten, Struktur des Buying Centers und der Beziehung, die wir zu diesen Personen haben, wird sich die eine oder die andere Variante anbieten. Eines ist bei beiden aber obligatorisch: Das Angebot zu einer erklärungsbedürftigen Leistung ist selbst ebenfalls erklärungsbedürftig! Wir verschicken keine Dokumente unkommentiert. Die Gründe sind dieselben, aus denen wir direkt nach dem Appointment Call auch nicht einfach so Marketingmaterial versenden: Aktiver Vertrieb bedeutet, dass Sie nicht die Kontrolle über den Vertriebsprozess verlieren. Wir sollten es also nicht versäumen, den Interessenten unser Angebot auch detailliert zu erklären. Viele Interessenten verlangen, das Angebot vorab geschickt zu bekommen, um es in Ruhe selbst durcharbeiten und mit den Kollegen und Kolleginnen besprechen zu können. So mancher sieht darin einen Vorteil. Es ist aber nur ein vermeintlicher, denn gerade bei erklärungsbedürftigen Produkten führen erklärungsbedürftige Angebote (und glauben Sie mir, sie sind immer erklärungsbedürftig) leicht zu Missverständnissen, die sich sofort hätten klären lassen, wenn wir als Verkäufer anwesend gewesen wären. Ich erkläre Kunden deshalb gern die Notwendigkeit, ein komplexes Angebot gemeinsam zu betrachten und durchzugehen, um solche Missverständnisse zu vermeiden. Die Erstellung eines komplexen Angebots macht weiterhin im Normalfall einiges an Arbeit und so will ich auch, dass es wertschätzend behandelt wird – wofür es zunächst einmal richtig verstanden werden muss. Deshalb will ich es gern persönlich erklären. Diese Argumentation wird meistens gut verstanden und akzeptiert, denn sie ist transparent und authentisch.

Konnten wir in den vorigen Prozessschritten schon Vertrauen zu unseren Interessenten aufbauen, wird dies zudem davon unterstützt, dass unser Verhalten auch in diesem Schritt konsistent ist und ebenso wahrgenommen wird. Wir kitten den entstandenen Bruch in der Kommunikationsform sozusagen dadurch, dass wir wieder zu unserer gewohnten, persönlich verbalen Dialogform zurückfinden.

Spätestens beim Telefonat oder Meeting zum Angebot verstehen alle, warum wir auf unser Vorgehen bestanden haben. Es liegt ein riesiger Unterschied darin, unser umfangreiches Angebotsdokument alleine durcharbeiten und verstehen zu müssen oder mit uns zusammen ›on the same page‹ zu sein. Diese englische Umschreibung trifft die Sache hier ganz wörtlich. Wir sind mit den Interessenten nicht nur auf derselben Wellenlänge, wie es in der deutschen Übersetzung heißt, sondern wir sind tatsächlich auf derselben Seite (was wiederum im doppelten Wortsinne wahr ist).

Um die maximale Klarheit und Verständlichkeit zu erreichen, teilen wir das, was wir von nun an als Angebot verstehen, in drei Teile innerhalb eines Dokuments auf:

- Die Proposition – die Leistungsbeschreibung,
- Die Position – die kaufmännische Kalkulation,
- Die Postposition – die Auftragsabwicklung.

Ein annehmbares Angebot besteht aus drei Teilen

a) Die Proposition beschreibt die Leistung oder das Produkt, das Sie verkaufen wollen

In der Proposition, der Leistungsbeschreibung, kommunizieren wir den von uns angebotenen Lösungsvorschlag, und zwar so ausführlich und detailliert wie möglich. Was wir in der Demonstration gezeigt haben, übersetzen wir nun dementsprechend in die schriftliche Form und nehmen es in das Angebot auf. Die Proposition ist sozusagen die Fortsetzung der Demonstration mit anderen Mitteln. Es geht in diesem Teil des Angebots allerdings noch nicht um Preise, wie mancher es vielleicht gewohnt sein mag, sondern zunächst um den Inhalt. Wir geben mit der Proposition ein Statement of Work ab, ein Statement unserer Leistung an alle Entscheidungsträger. Egal ob es sich dabei um einzelne Personen oder ganze Entscheidungsabteilungen handelt. In der Proposition beschreiben wir, wie der Status quo des Kundenunternehmens vor unserer Leistung ist, was unsere Kunden durch das Produkt oder die Dienstleistung erhalten, welche Ergebnisse durch die Lösung erreicht werden und welche positiven Veränderungen dadurch entstehen.

Wir teilen diese Erläuterungen auf, sodass sie sich jeweils an die relevante Zielposition im Kundenunternehmen richten. Ergebnisse und Ziele, die etwa die Geschäftsführung oder die Finanzabteilung interessieren, zeigen also beispielsweise, wie die Lösung zur Steigerung des Umsatzes führt, Personalkosten reduziert, wie schnell der Return on Investment oder wie hoch der Total Cost of Ownership über die gesamte Laufzeit ist und so weiter. Jeder bekommt die Informationen, die für ihn oder sie relevant sind, erhält aber auch einen Einblick in die Informationen für die anderen und ist auf diese Art umfassend informiert. Während Sie das Angebot selbst zwar in Sektionen unterteilt, als Dokument aber nicht aufteilbar erstellen, können Sie leicht eine angepasste E-Mail pro Ansprechpartnerin oder Ansprechpartner verfassen.

Um es in der FAB-Trias (siehe Abschnitt »The FABulous three: Features, Advantages, Benefits«, Seite 152) auszudrücken: Die Proposition adressiert vor allem den Benefit des Kunden. Sie antizipiert das Ergebnis des umgesetzten Lösungsvorschlags, verspricht also, dass der Nutzen erreicht werden wird, und beschreibt detailliert, wie dies im Einzelnen geschieht.

Warum nennen wir diesen Teil des Angebots Proposition? Denken Sie statt des Englischen an das Lateinische, dann können Sie es sich vielleicht schon denken: Die lateinische Vorsilbe »pro« bedeutet »vor«. Wir können das auf verschiedene deutsche Begriffe beziehen. Die Silbe steckt beispielsweise im *Vor*schlag, den wir ja der Kundin tatsächlich mit dieser Proposition unterbreiten. Wir können es aber auch wörtlich nehmen und sagen, hier steht etwas vor den Positionen. Welche Positionen sind nun damit gemeint? Natürlich die Angebotspositionen, wie Sie sie wahrscheinlich bereits kennen, genau genommen also die kaufmännische Kalkulation aus dem Kostenvoranschlag oder dem Preisangebot. Auch in diesem Wort »Voranschlag« steckt wieder die Silbe »vor«. Sie sehen, wir bereiten hier möglichst genau etwas Kommendes vor – nämlich die Kommunikation des Preises, der kaufmännischen Details.

b) Die Position kalkuliert und kommuniziert die Kosten für den Käufer

Die Position entspricht einem Preisangebot, auf das man sich mit dem Kunden verbindlich einigen will. Für diese Verbindlichkeit ist es grundlegend, dass man sich vor der Festlegung der Position auf den genauen Umfang der Leistung oder die exakten Spezifikationen des Produkts geeinigt hat. Im Gegensatz zu einem unverbindlichen Kostenvoranschlag gibt die Position dem Buying Center Gewissheit über die zu erwartenden Kosten für Ihr Produkt oder Ihre Leistung. Es versteht sich von selbst, dass es in beiderseitigem Interesse ist, die Inhalte der Proposition so genau wie möglich festzulegen, gegebenenfalls zu besprechen, zu verhandeln und zu korrigieren, um dann in der Kalkulation der Position zu einem genauen Ergebnis zu kommen. Die Besprechung der Proposition im persönlichen Kontakt ist nicht zuletzt auch aus diesem Grund sehr wichtig. Erst wenn die Leistung verstanden wurde, hat der Preis auch seinen Wert. Ich weiß, Interessenten wollen oft vor allem eines: wissen, was es kostet. Widerstehen Sie dem Drang, hier nachzugeben und den Preis zu nennen, bis Sie sicher sind, dass die Leistung verstanden wurde.

Wie nun die einzelnen Punkte Ihrer Position aussehen, hängt natürlich von Ihrem Produkt oder Ihrer Dienstleistung ab. Seien Sie hier aber in jedem Fall möglichst transparent und verständlich. Haben Sie bei einer komplexen Dienstleistung, deren einzelne Teile schwer zu beziffern sind, dieses Verständnis bereits in der Demonstration und der Proposition hergestellt, mag eine einzige Gesamtsumme sogar ausreichend sein. Geht es um ein Produkt, bei dem der Kunde einzelne Teile auswählen und kombinieren kann, ist eine Aufschlüsselung sicher von Vorteil.

c) Die Postposition betrifft die Abwicklung des Auftrages, Geschäftsbedingungen und rechtliche Aspekte

Die Postposition betrifft alle Teile des Angebots, die sich auf Vertragliches, Rechtliches, Geschäftsbedingungen und Ähnliches beziehen. Oft werden bei der herkömmlichen Art, Angebote zu verfassen, solche Dinge im Kleingedruckten versteckt. Das ist durchaus wörtlich zu nehmen. Schauen Sie sich ein solches Angebot mal an. Sie finden die AGB wahrscheinlich irgendwo möglichst unsichtbar angehängt in winziger Schrift. Ich unterstelle da keinen bösen Willen. Die gute Absicht dahinter ist wohl, den Hauptteil des Angebots durch solche juristischen Texte nicht zu stören oder zu behindern. Gleichzeitig sind diese Teile aber wichtig für das Angebot und sollten nicht versteckt werden. Allein die Anstrengung, die einem beim Lesen winziger Texte in möglichst hellem Grauton abverlangt wird, grenzt an Körperverletzung.

Verstecken Sie deshalb diese wichtigen Teile Ihres Angebots nicht! Trennen Sie sie einfach vom Rest, gestalten Sie sie mit ebenso viel Aufwand wie das übrige Angebot, und schon ist das Problem der gegenseitigen Störung gelöst. Ihre Kundin kann sich so nach der Proposition und der Position ohne zusätzliche Anstrengung den rechtlichen und vertraglichen Teilen der Postposition widmen.

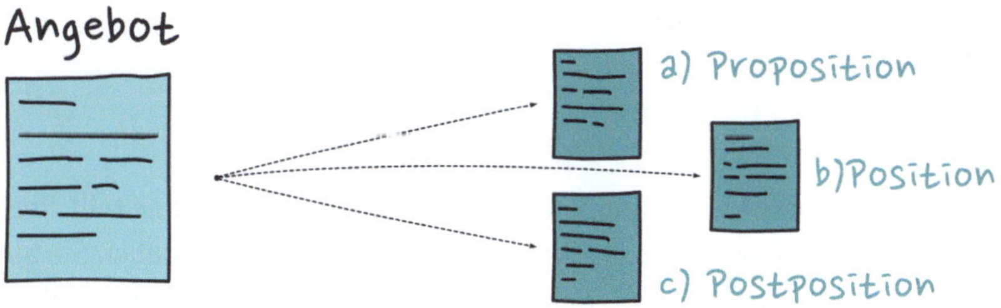

Abbildung 16: Das herkömmliche Angebot ist nicht ausführlich genug. Wir teilen es in drei thematisch abgegrenzte Schritte auf.

Die Trennung des Angebots in Proposition, Position und Postposition hat noch andere Vorteile: Sie können bei der Besprechung der einzelnen Teile jeweils eine Bestätigung und Zustimmung der Entscheider aus dem Buying Center einholen. Dieses Verbal Commitment ist die mündliche Annahme des jeweiligen Teils, mit der Sie die explizite Bestätigung haben, dass dieser gültig ist und ihm zugestimmt wird, wodurch Sie zum nächsten kommen können. Da die Teile konsekutiv aufeinander aufbauen, ist diese Art der schrittweisen Angebotsannahme ganz sinnvoll. Ich habe Klienten, die sich die einzelnen Teile sogar durch eine Unterschrift abnehmen lassen. Einige trennen die drei Angebotsteile nicht nur strukturell, sondern verschicken sie auch in einem zeitlichen Abstand voneinander. Das beugt Missverständnissen vor und gibt ihnen die Chance, noch Korrekturen und Nacharbeiten vorzunehmen, bevor ein genauer Preis genannt oder gar der Vertrag finalisiert wird. Selbstverständlich können Sie diesen Prozess gestalten, wie Sie es für sinnvoll halten.

Wichtig ist vor allem die Reihenfolge der drei Teile. Ob wir sie nun in einem Dokument hintereinanderstellen und nacheinander mit dem Kunden besprechen oder sie sogar zeitlich versetzt verschicken, spielt dabei in den meisten Fällen nicht die größte Rolle. Wir sollten aber nie den Preis vor der Leistung kommunizieren oder gar die vertraglichen Details an den Anfang stellen. Wie gesagt: Die drei Teile bauen konsekutiv aufeinander auf und sollten der Interessentin oder dem Interessenten in unserer Anwesenheit auch so vermittelt werden.

Wie Sie durch Follow-up-Techniken mehr Rückmeldungen erhalten

Nun haben Sie das Angebot nach Wunsch der Ansprechpartner erstellt, formuliert und per E-Mail mitsamt Anhang versendet. Natürlich haben Sie als Next-Action-Step auch feste Termine vereinbart, um das Angebot persönlich mit den Kontaktpersonen zu besprechen. Läuft jetzt alles wie beabsichtigt, bleiben Sie und die Personen aus dem Buying Center in regem Austausch. Sollte es noch Anpassungsbedarf geben, überarbeiten Sie Ihr Angebot. Ansonsten können Sie schon in den nächsten Schritt des Verkaufsprozesses, in das Move gehen.

Was aber, wenn sich plötzlich niemand mehr meldet? Termine wurden nicht eingehalten? Dann bedienen Sie sich des Follow-ups, oder zu Deutsch: der Wiedervorlage. Für solche Fälle hilft Ihnen insbesondere auch Ihr CRM, denn dort sollte das Versenden der Angebots-E-Mail eingetragen werden und automatisch eine Frist gesetzt sein, nach deren Ablauf Sie daran erinnert werden, sich erneut um den Interessenten zu bemühen. Versuchen Sie, den Interessenten zu einer Reaktion auf Ihr Angebot zu bewegen, ihm die Tür für weitere Gespräche offen zu halten oder wieder zu öffnen. Schicken Sie eine Follow-up-Mail, in der Sie direkt und ohne Umschweife nach Feedback zu Ihrem Angebot fragen. Reagiert der Interessent auch auf diese E-Mail nicht, versuchen Sie, ihn telefonisch zu erreichen. Eine sinnvolle Regel zu solchen Abbrüchen der Kommunikation besagt, dass Sie nach einer fehlenden Reaktion den Kanal wechseln sollten. Kommt also auf Ihre E-Mail keine Antwort, rufen Sie an.

Dieser Anruf ist der folgende Schritt nach dem neutralen Follow-up. Einer meiner Mitarbeiter hat für diesen Anruf den treffenden Namen What's-up-Call geprägt. Das war noch vor der Zeit der mittlerweile sehr weit verbreiteten Messenger-App mit ähnlich klingendem Namen. Doch die Assoziation liegt heute so nahe, dass man bei dieser Methode wohl unweigerlich an die Smartphone-App denkt. Verwechseln Sie das also bitte nicht und kommen Sie nicht auf die Idee, Ihren Interessenten per Chat-App anzuschreiben. Lassen Sie bei diesem Anruf den Interessenten sprechen. Verwenden Sie keine langen Einleitungen wie: »Herr Müller, ich hoffe Sie erinnern sich noch an mich, wir waren ja im Gespräch über das Angebot und Sie wollten es sich anschauen. Sind Sie dazu gekommen?« So machen Sie es dem Ansprechpartner leicht, Sie weiter zu vertrösten. Das haben Sie nicht verdient! Sie haben sich viel Mühe mit dem Angebot gemacht, jetzt können auch Sie Wertschätzung von Ihrem Interessenten erwarten. Sie sollten stattdessen knapp und herausfordernd sein: »Herr Müller, Sie sind mir noch ein Feedback zu unserem Angebot schuldig. Ich rufe jetzt an, um es abzuholen.« Punkt. Danach sprechen Sie nicht mehr und lassen Ihren Kontakt antworten. Das ist natürlich nur ein Beispiel von vielen möglichen, aber Sie verstehen sicherlich das Prinzip: Durchbrechen Sie die erwarteten Muster. Rufen Sie spontane und authentische Reaktionen bei Ihrem Gegenüber hervor. Überrumpeln Sie ihn oder sie ruhig ein wenig. Wie gesagt, Sie haben eine Reaktion verdient – und wenn es die durchaus mögliche Ablehnung ist.

Was aber, wenn sich Ihre Interessentin über längere Zeit gar nicht mehr meldet und Sie gar nicht erst in die Gelegenheit kommen, eine Reaktion hervorzurufen? Nun, da Sie eine multilaterale Beziehung im Unternehmen aufgebaut haben, sollten Sie mehrere Anlaufstellen haben. Sie müssen sich also nicht auf einen einzigen Ansprechpartner verlassen. Sollten Sie dennoch von den übrigen Mitgliedern des Buying Centers keine Reaktion dazu bekommen, ob das Angebot angenommen wird oder nicht, können Sie es mit einem sogenannten Takeaway versuchen. Der Takeaway ist kein Drink zum Mitnehmen und auch nicht zu verwechseln mit einem Giveaway – Sie verschenken also nichts, Sie nehmen etwas weg, und zwar Ihr Angebot. Allerdings nicht sofort. Zunächst setzen Sie den Soft Takeaway ein und deuten die Wegnahme lediglich an. Ähnlich wie beim What's-up-Call soll dem Kontakt die Möglichkeit gegeben werden, Stellung dazu zu beziehen, wie und wann es im Prozess weitergehen kann oder ob der Verkauf besser abgebrochen werden soll. Die Ankündigung des Prozessabbruchs ist für viele eine Motivation, die Kommunikation doch noch einmal aufzunehmen.

a) Der Soft Takeaway

Der Soft Takeaway kommt aus dem haptischen B2C-Vertrieb, wo er beschreibt, dass etwa eine Schmuckverkäuferin dem noch unentschlossenen Käufer eines Verlobungsrings ankündigt, ihm das teure Stück wieder aus der Hand zu nehmen, um es zurück in den Schaukasten zu legen, nachdem sie es ihm zuvor zur Begutachtung in die Hand gegeben hat. Ich finde diese Analogie ganz hilfreich dabei, zu verstehen, wie so ein Vorgang psychologisch funktioniert. Es ist nämlich viel eindrücklicher, etwas wieder wegzugeben, das man schon in der Hand hatte, das einem also schon fast gehörte, als etwas zu bekommen, das man vorher noch nicht hatte. Dinge zu verlieren, in deren Besitz man (beinahe) war, ist schmerzhaft, und wir alle haben eine sogenannte Verlust-Aversion dagegen. Wir wollen nichts verlieren, was wir bereits besitzen. Einen Verlust zu erleiden, wird von uns emotional viel stärker gewichtet als etwas nicht zu bekommen, das man zuvor auch noch nicht hatte. Wir schätzen eine Sache aus diesem Grund auch viel wertvoller ein, wenn wir sie besitzen, als wenn dieselbe Sache uns nicht gehört. Das nennt man in der Verhaltensökonomie den Besitztumseffekt oder Endowment-Effekt. Diesen Effekt können wir nutzen, wenn es darum geht, einen Interessenten, der sich nicht mehr auf unser mühevoll erarbeitetes Angebot zurückmeldet, zur Reaktion zu motivieren.

b) Der Hard Takeaway

Führt der Soft Takeaway ebenfalls zu keiner Reaktion, versuchen wir es noch einmal mit einem telefonischen Follow-up-Call. Erst, wenn dieser auch erfolglos bleibt, wir also niemanden erreichen oder weiterhin auf einen späteren Zeitpunkt vertröstet werden, gehen wir zum nächsten Schritt über, dem Hard Takeaway. Das ist sozusagen die letzte Chance für den Interessenten, unser Angebot zu behalten. Wir teilen ihm mit, davon auszugehen, dass er kein Interesse mehr habe, und signalisieren ihm damit die Wegnahme des Angebots. Sollte er seine Meinung ändern, könne er allerdings jederzeit wieder auf uns zukommen. Die Outbound-Situation wandelt sich nun sozusagen zu einer potenziellen Inbound-Situation. Von jetzt an muss der Interessent selbst in Aktion treten, wenn er mit uns Geschäfte machen will. Es ist essenziell, dass wir den Prozess an einem bestimmten Punkt closen, dass wir ihn schließen, falls es die Interessentin nicht tut. Falls auf den Hard Takeaway auch keine Reaktion kommt, haben wir eben ein Nein erhalten. Schade, weil wir bis hierher wirklich viel Zeit investiert haben. Aber so ist das im Vertrieb. In diesem Bereich zu arbeiten heißt unter Umständen, viel zu leisten, ohne im Einzelfall die Gewissheit des Erfolges zu haben. Doch was ist denn noch gleich Erfolg? Erinnern Sie sich an unseren Abschnitt über das Scheitern im Vertrieb (siehe Seite 41). Unsere Aufgabe als Sales-Mitarbeiter ist es, Ergebnisse zu bewirken. Ein Nein ist ein solches Ergebnis. Der größte Feind des erfolgreichen Vertriebs ist das von unserer binären Prozessstruktur abweichende Vielleicht. Es führt nicht zu handlungsfähigen Schritten und erlaubt weder induktive noch deduktive Erkenntnisse. Der Hard Takeaway befreit uns von dieser Misslage.

Häufig werde ich gefragt, wie oft man neutrale Follow-ups machen sollte, bis man mit den Takeaways beginnt. Die meisten Klienten wollen hier von mir eine Zahl hören, beispielsweise: »Nach vier Follow-ups beginnt man mit den Takeaways.« Ich weiß, dass solche Regeln es vielen leichter machen würden. Aber das will ich gar nicht. Mit diesem Buch möchte ich Sie zum Selbstdenken animieren. Ich will Sie motivieren, Ihre eigenen Regeln aufzustellen und auch zu brechen. Gehen Sie daher sowohl emotional als auch rational an die Sache heran. Wie sieht Ihr Bauchgefühl aus? Ganz ehrlich: Wird das ein Deal? Intuitionen basieren oft auf Erfahrungen. Je erfahrener Sie werden, desto mehr können Sie Ihren Intuitionen trauen. Gleichzeitig sollten Sie ganz rational die bisherige Customer Journey anschauen. Gab es schon einmal Punkte, an denen Sie dem Kunden hinterherlaufen mussten? Schauen Sie in Ihre Notizen und in das CRM. Was sagen die Fakten über den Nutzen und das Interesse des Interessenten aus? Falls Sie immer noch zweifeln, trauen Sie sich lieber einen Soft Takeaway, gefolgt von einem Hard Takeaway zu setzen. Das wird Ihnen die Antwort auf Ihre Fragen geben.

Und denken Sie daran: Wir müssen den Interessenten selbst dann nicht komplett abschreiben, wenn er sich auf diesen letzten Kontaktversuch nicht meldet. Da wir mit ihm so weit im Verkaufsprozess vorgerückt sind, handelt es sich immerhin um einen qualifizierten Interessenten und wir können ihn auf eine sehr späte erneute Wiedervorlage, etwa nach Jahresfrist, setzen. Wichtig ist nur, dass wir jetzt andere Interessenten in den Fokus nehmen, die mehr Commitment und Verbindlichkeiten uns gegenüber zeigen.

6.

Move: Durch gutes Verhandeln den nächsten Schritt zum Verkauf gehen

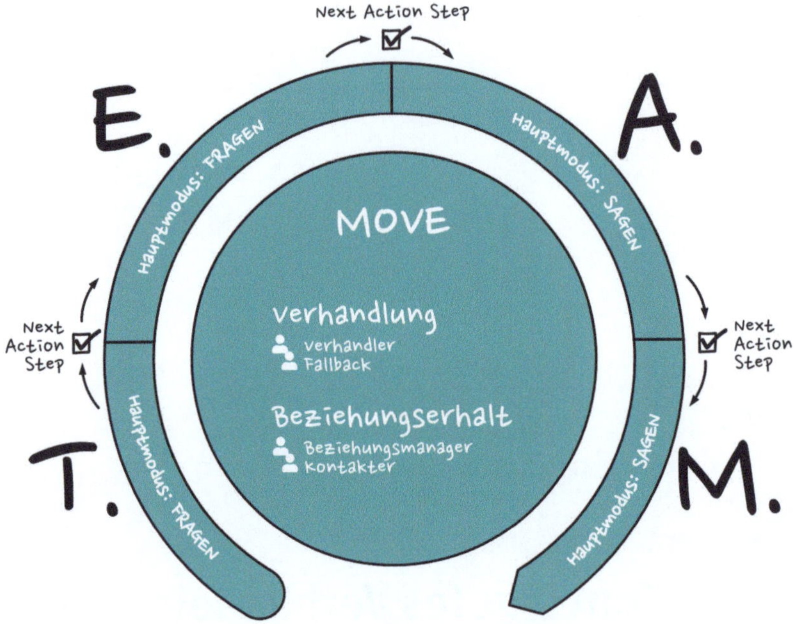

Abbildung 17: Der vierte Schritt der T.E.A.M.-Methode: MOVE.

Sie haben es nun bis in die letzte Phase unseres Vertriebsprozesses geschafft. Bis hierhin haben Sie viel erreicht: Sie haben Ihren Lieblingskunden aktiviert, haben diesen qualifiziert, Ihre Leistung demonstriert und in einem Angebot ausformuliert. Nachdem Ihre Kundin oder Ihr Kunde dieses Angebot angenommen hat, sind Sie nun in der Phase »Move« angekommen. Wie Sie vielleicht schon erwartet haben, ist damit der Verkauf noch nicht abgeschlossen. Denn nun muss sich unser Projekt, unser Produkt, unsere Leistung in der Verhandlung beweisen. Es folgt also eine Art Stresstest, der zeigen soll, ob unser Produkt und der Preis, den wir dafür kalkuliert haben, den Anforderungen des prospektiven Kunden genügt und er bereit ist, den Kauf abzuschließen. Unser Ziel ist nun vor allem, unsere eigenen Interessen in den Prozess zu integrieren und sicher durch diese Phase bis zum Verkaufsabschluss zu tragen. Haben wir uns den gesamten übrigen Prozess lang so gut es ging und mit viel Engagement um die Interessen und den Nutzen des Kunden gekümmert, so ist es nun wichtig, den Fokus wieder etwas mehr auf uns selbst zu verschieben. Natürlich gilt es auch in der Phase der Verhandlung weiterhin, die vereinbarten Kundeninteressen im Auge zu behalten, doch müssen wir von nun an auch unsere eigenen Positionen und Interessen wahren und schützen.

6.1 Sie verhandeln bereits

Aber der Reihe nach: Um uns bewusst zu werden, was wir unter dem Begriff »Verhandlung« verstehen, vergegenwärtigen wir uns zunächst, dass es gar nichts Neues für uns ist, zu verhandeln. Genau genommen haben wir die ganze Zeit schon verhandelt. Im Appointment Call haben wir die Zusage zur Bedarfsanalyse verhandelt, vielleicht haben wir nach der Bedarfsanalyse einen Bleistifttermin verhandelt, sehr sicher haben wir die Hinzunahme von weiteren Personen aus dem Buying Center verhandelt und so weiter. Dass Sie in den Schritt »Move« gekommen sind, hat bereits viel mit Ihrem Verhandlungsgeschick zu tun, auch wenn Sie sich dessen eventuell nicht bewusst waren. Im Folgenden werde ich Ihnen die Prinzipien erläutern, die in einer Verhandlung um Preis und Leistungsumfang eine wichtige Rolle spielen. Ich bin sicher, dass Sie, sobald Sie das Große und Ganze verstanden haben, Ihre eigenen Techniken und Ihren eigenen Stil finden und erfolgreich anwenden werden.

Gleich zu Beginn möchte ich betonen, dass auch in harten Verhandlungen selbstverständlich alle Regeln des höflichen und wertschätzenden Umgangs miteinander gelten müssen, wie wir sie bisher auch in anderen Kommunikationssituationen angewendet haben. Mir ist bewusst, dass es manchmal schwierig sein kann, zwischen Person und Sache zu trennen, und dass es schwerfallen mag, Kritik an der Sache oder einen Angriff gegen das eigene Produkt nicht auch als Angriff gegen die eigene Person zu werten. Selbst ein hartes Verhandeln um den Preis findet selten völlig emotionslos statt und manch ein Verhandler oder Einkäufer empfindet es als große Niederlage, die eigene Preisvorstellung nicht durchsetzen zu können, sodass es schon mal zu persönlichen Auseinandersetzungen kommt. Dennoch sollten wir immer fair, offen und nach den Grundregeln des zwischenmenschlichen Anstands verhandeln. Letztlich ist das auch in unserem eigenen Interesse, denn wir streben nach wie vor nicht nach einem schnellen vorrangigen Verkauf, sondern nach einer langfristigen nachhaltigen Kundenbeziehung. Aus diesem Grund möchte ich Ihnen ein paar Regeln vorstellen, mit denen Sie sowohl Ihre Interessen schützen als auch die Beziehung zum Kunden oder zur Kundin aufrechterhalten können.

6.2 Die Regeln der Verhandlung

Um in einer Verhandlung die bestmöglichen Ergebnisse für Ihr Unternehmen zu erzielen, ist es elementar, sich mit den Grundpfeilern der Verhandlungsstrategie auseinanderzusetzen. Zwar können Sie Teile wie Vorbereitung, Verkaufspsychologie und Zeitmanagement auch alleine bearbeiten und durchführen, allerdings ist auch das Verhandeln, wie alles innerhalb der T.E.A.M.-Methode, auf Kooperation mit Ihren Mitarbeitern ausgelegt.

Nutzen Sie das Pair Selling auch in der Verhandlung

Einer der größten Fehler, denen ich in Coachings zur Verhandlung immer wieder begegne, ist der Sachverhalt, dass Verhandlungspartner sich vor der Verhandlung fragen, wer die beste Beziehung zur jeweils anderen Partei hat, um dann ausgerechnet diese Person oder diese Personen in die Verhandlung zu schicken. Es mag auf den ersten Blick naheliegend erscheinen, ist aber leider grundfalsch. Denn in den meisten Fällen bedeutet es, dass der Verkäufer, der bisher in der Rolle des Beziehungsmanagers agiert hat und stets um eine gute Beziehung zu den Personen des Buying Centers bemüht war, sich nun mit genau diesen Personen in eine konfrontative Situation begibt, die diese Beziehung maßgeblich gefährdet. Wie schon gesagt, laufen Verhandlungen eben nicht immer kooperativ ab und so mancher Interessenkonflikt kann zum persönlichen Konflikt werden. Das kann im schlechtesten Fall verletzend sein und die zwischenmenschliche Beziehung verschlechtern oder gar zerstören. Am Ende einer solchen Verhandlung steht kein Verkauf, oft noch nicht einmal mehr eine Kundenbeziehung.

Um genau diese Gefährdung der Beziehung zu vermeiden, gibt es auf der Seite des Kunden den Einkäufer. Der Einkäufer oder die Einkäuferin wird oft von Verkäufern gefürchtet, weil er oder sie meist viel mehr Verhandlungserfahrung hat. Während der Einkäufer meist nichts anderes macht und somit gut geübt ist, bearbeitet der Verkäufer neben Verhandlungen oft noch viele andere Themen. Außerdem befürchten wir als Verkäufer, dass wir von Einkäufern mit so manchem Trick konfrontiert werden, auf den wir nicht vorbereitet sind. Eine weitere Angst von Verkäufern ist, dass der Einkäufer völlig unemotional auf ihre angebotene Leitung reagieren könnte, sie vielleicht noch nicht einmal inhaltlich versteht, sondern lediglich in der Verhandlung teilnimmt, um den Preis zu drücken. Plötzlich befinden wir uns also in einer ganz anderen Situation als etwa in der Demonstration, in der wir begeistert unser Produkt oder unsere Leistung vorgestellt haben und unser Publikum möglicherweise ebenso begeistert und überzeugt war wie wir selbst.

Diese emotionale Distanz des Einkäufers kann gerade auch ein Vorteil sein. Durch die Erkenntnisse aus dem Pair Selling wissen wir, dass wir auch auf unserer Seite besser einen eher neutralen und zur verhandelten Sache distanzierten Mitarbeiter in die Verhandlung schicken sollten. Unser Verkaufsteam, das wir nach der Idee des Pair Selling bisher wahrscheinlich aus Kontakterin, Beziehungsmanagerin und Erklärerin zusammengesetzt haben, ergänzen wir nun durch einen Verhandler. Der Verhandler muss seine Rolle nicht unbedingt exklusiv besetzen wie ein Einkäufer. Er kann durchaus noch andere Rollen einnehmen oder andere Aufgaben haben. Er muss allerdings zwingend fähig sein, neutral und emotional distanziert zu dem zu verhandelten Objekt zu stehen. Der Verhandler kann daher auch aus einer anderen Vertriebseinheit oder gar aus einer anderen Abteilung im Unternehmen kommen. Tatsächlich eignet sich auch die Kontakterin aus der eigenen Einheit für Verhandlungen, da sie neben der Erstansprache und eventuellen Follow-ups wenig mit dem potenziellen Kunden zu tun hatte und emotional nicht im gleichen Maße involviert ist wie zum Beispiel der Beziehungsmanager. Die Vorteile allerdings, die mit einer exklusiv vergebenen Rolle des Verhandlers einhergehen, kennen Sie bereits: Einer davon ist die fehlende persönliche Beziehung zwischen Verhandler und Einkäufer im Falle eines Scheiterns der Verhandlung: Wie bereits im Kapitel zum Pair Selling erläutert, kann der Verhandler in diesem Fall aus dem Spiel genommen und ersetzt werden, ohne dass es für die übrigen Teammitglieder, den Einkäufer der Gegenseite oder den Prozess an sich große negative Auswirkungen hätte. Ein Nachteil einer fehlenden Beziehung zum Einkäufer ist allerdings, dass dieser sich uns gegenüber auch nicht unbedingt zu einem wertschätzenden Umgang verpflichtet fühlt. Wir können ihm oder ihr unsere angestrebte Verhandlungsmethode natürlich nahelegen. Das heißt aber noch lange nicht, dass er sich auch an unsere Regeln gebunden fühlt.

Lassen Sie sich nicht auf Tricks und Spielchen ein

Wie oben bereits erwähnt, bleiben wir auch bei Verhandlungen, die in der Sache eine gewisse Härte und Unnachgiebigkeit erfordern, fair gegenüber unseren Verhandlungspartnern und Verhandlungspartnerinnen. Viel zu oft erlebe ich leider das Gegenteil. Es wird mit psychologischen Tricks gearbeitet, um die eigene Position zu stärken oder die des Gegenübers zu schwächen. Es werden Strategien eingesetzt, die nicht auf die zu verhandelnde Sache bezogen sind, sondern auf die Person des Verhandlers oder der Verhandlerin. So wird beispielsweise die Kompetenz des Gegenübers infrage gestellt, der Name wird vergessen oder absichtlich falsch ausgesprochen, man wird alleine wartend zurückgelassen, man wird provoziert und angegriffen, es fehlen Getränke in einem überhitzten Warteraum und so weiter – alles Tricks und Inszenierungen, die mit der Verhandlung der Sache selbst nichts zu tun haben und nur dazu dienen sollen, die Gegenpartei zu destabilisieren, um dann selbst aggressiv die eigenen Forderungen und Positionen durchzusetzen. Wie man sich denken kann, ist dieser Verhandlungsstil zwar oft kurzfristig erfolgreich, dient aber nicht gerade dem Aufbau einer vertrauensvollen Kundenbeziehung. In meiner Laufbahn habe ich in diesem Stil leider schon einiges erlebt. Unterschriebene Verträge wurden vor meinen Augen zerrissen, ich wurde beschimpft und meiner Kollegin und mir wurde in einer Verhandlung einmal tatsächlich aus Versehen Blumenwasser statt Mineralwasser zum Trinken angeboten.

All das sind Versuche, uns emotional anzugehen, damit wir als Verhandlungspartei Fehler machen und schlechter oder schwächer verhandeln. Ein unerfahrener Verhandler lässt sich vielleicht von emotionalen Ausbrüchen wie dem Zerreißen eines Vertrages beeindrucken und verunsichern. Auch, weil wir es einfach eher so kennen, dass emotionale Personen eine Diskussion, einen Streit oder eben auch eine Verhandlung dominieren. Aber das ist nur scheinbar so. Lassen Sie sich von so einer Inszenierung nicht überrumpeln und lassen Sie sich vor allem nicht hinreißen, auf derselben Ebene im gleichen Stil zu reagieren. Denn eine Person geht immer dann gegen einen anderen Menschen, wenn sie nichts mehr in der Sache zu argumentieren hat. Wenn also verhandelnden Personen die Argumente in der Sache ausgehen, greifen sie oft zu Argumenten gegen die Person. Handelt Ihr Gegenüber so, ist das für Sie das deutlichste Zeichen, dass sie oder er realisiert, in der schwächeren Position zu sein.

In der Philosophie und Rhetorik gibt es hierfür die Bezeichnungen »argumentum ad res« (Beweisführung gegen die Sache) und »argumentum ad hominem« (Beweisführung gegen die Person). Ein Argument gegen die Person ist, philosophisch betrachtet, immer ein Scheinargument, wenn es um die Verhandlung einer Sache geht, da die verhandelnde Person mit der Sache ja nicht identisch ist. Als rhetorische Figur wirkt ein solches Argument oft sehr effektiv – allerdings nur dann, wenn es nicht als Scheinargument entlarvt wird. Sie können ein solches Scheinargument also gelassen und einfach entlarven, sobald Sie merken, dass Sie selbst anstelle des Verhandlungsgegenstands angegriffen werden. Oder anders ausgedrückt: Wer nichts mehr zur Sache beitragen kann, richtet sich eben gegen den Menschen. Bleiben Sie also am besten ganz gelassen. Freuen Sie sich stattdessen über die Show, die Ihnen geboten wird, und nehmen Sie es nicht persönlich. In Wahrheit haben nämlich spätestens von jetzt an Sie die stärkere Verhandlungsposition.

Nehmen Sie sich genug Zeit

Ein weiterer wichtiger Punkt für eine gute Verhandlung ist Zeit. Die Verhandlung braucht Zeit und Sie brauchen Zeit für die Verhandlung. Ausreichend Zeit ist generell ein wichtiger Faktor, egal ob es um die Konzeption und die Entwicklung eines guten Produkts, die Erstellung eines exakt passenden Angebots oder eben die Verhandlung und die Entscheidungsfindung geht. Für eine gute Verhandlung benötigen Sie Vorbereitungszeit, Verhandlungszeit und Bedenkzeit. Vielen Verkäufern kann der Abschluss nicht schnell genug kommen. Sie sind ungeduldig und sehen die Verhandlung als ähnlich lästiges Ereignis wie einen Verkehrsstau, der Sie auf Ihrem Weg zum Abschluss nur unnötig aufhält. Sie wollen endlich alles unter Dach und Fach bringen und die Korken knallen lassen. Kommt Ihnen das bekannt vor? Dann haben die Kollegen der Gegenpartei wohl gerade einen guten Job in der Verhandlung gemacht und Ihren ersten Fehler provoziert.

Es ist nämlich tatsächlich eine ratsame Verhaltensweise, in Deals nicht zu schnell einzuschlagen, sondern sich Zeit zu nehmen, wenn man ernsthaft verhandeln will. Denn unter Zeitdruck passieren Fehler, die dann oft nur einer Partei nutzen. Ein Beispiel wären die Techniken der Verknappung und der Erhöhung des Zeitdrucks, die besonders auf Verkaufsseite eingesetzt werden, um den Kaufdruck zu erhöhen. Besonders bekannt ist das natürlich aus der Immobilienbranche. Hier legt Ihnen die Maklerin nahe, sich doch am besten jetzt sofort zu entscheiden, da sie noch ein paar weitere Bewerber habe, die sich ebenfalls für Ihre Traumimmobilie interessieren würden. Wie es der Zufall will habe sie gleich in einer Stunde den nächsten Besichtigungstermin mit einem Interessenten, der sogar bereit sei, noch etwas auf den Kaufpreis draufzulegen. Aber selbstverständlich bevorzuge die Maklerin Sie, wenn Sie sich gleich entscheiden würden. Durchschaubar, nicht wahr? Der älteste Verkäufertrick der Welt. Und doch bleibt immer die

Angst, es könnte doch wahr sein. Haben Sie das Gefühl, unter solchen Bedingungen gute Entscheidungen treffen zu können?

Das ist natürlich ein Beispiel aus dem B2C-Bereich, aber auch im B2B gibt es diese Tricks, auch auf Einkäuferseite. Analog zu diesem Beispiel könnte ein Einkäufer in der Verhandlung etwa Verhandlungsdruck aufbauen, indem er von einer Alternative zu Ihrer Leistung berichtet und behauptet, diese für einen Bruchteil Ihres Preises bekommen zu können. Er legt Ihnen also nahe, Ihre Leistung jetzt sofort zu seinem (niedrigen) Preis zu verkaufen oder eben alternativ zur Konkurrenz zu gehen. Lassen Sie sich nicht unter Druck setzen. Wahrscheinlich ahnen Sie ohnehin schon, dass diese Konkurrenz nicht existiert. Denn das von Ihnen gewählte Verhältnis zwischen Preis und Leistung ist realistisch und gerechtfertigt. Nehmen Sie sich aber die Zeit, die Behauptung zu recherchieren und nachzuprüfen. Unter Zeitdruck zu verhandeln wird immer zu einem schlechteren Ergebnis für Sie führen. Vertagen Sie die Verhandlung, sagen Sie, dass Sie sich die Sache durch den Kopf gehen lassen oder mitnehmen und im Team besprechen und deswegen heute nichts entscheiden werden, und kommen Sie dann gestärkt und mit dem sicheren Wissen zurück, dass es dieses alternative Angebot nicht gibt. Sie können auch ruhig etwas konfrontativer sein und nachfragen, warum Ihr Gegenüber nicht gleich die Alternative in Anspruch genommen habe, wenn die Qualität gleich der Ihren ist und der Preis niedriger. So oder so werden Sie die stärkere Verhandlungsposition einnehmen, wenn Sie einen solchen Trick zum Erhöhen des Zeitdrucks aufgedeckt haben. Arbeiten Sie selbst also nicht mit solchen Mitteln. Und erkennen Sie diese Techniken bei Ihrem Gegenüber, um sie aufzudecken, anzusprechen und zu einer sachlichen Verhandlung zurückzukehren.

Vorbereitung ist der Schlüssel zum Verhandlungserfolg

Kommen wir nun zum wichtigsten Punkt einer erfolgreichen Verhandlung. Dieser Punkt liegt zeitlich gar nicht innerhalb der Verhandlung selbst, sondern vor ihr. Seine Konsequenzen allerdings werden direkt in der Verhandlung spürbar sein: die Vorbereitung. Gut auf die Verhandlung vorbereitet zu sein, bedeutet, im Vorfeld der Verhandlung so viel Informationen und so viel Wissen wie möglich gesammelt zu haben. Damit ist zum einen gemeint, dass Sie ein fundiertes Wissen über Ihr Produkt oder Ihre Dienstleistung haben sollen, Sie sich zum anderen aber auch kristallklar über Ziele und Erwartungen der Verhandlungen bewusst sind. Drittens, und das ist der wichtigste Punkt: Ihre Vorbereitung muss auf das Wissen über die Kundin – sämtliche Informationen über ihre Interessen, Ziele, Bedürfnisse und Erwartungen und den Kontext, in dem ihr Unternehmen steht – ausgedehnt werden. In diesem späten Stadium des Verkaufsprozesses sollten Sie sehr genau wissen, warum die mögliche Kundin an Ihrer Leistung interessiert ist. Durch die Erkenntnisse aus dem bisherigen Prozess, die Ableitungen daraus und durch die Antizipation der Lösung sowie die gemeinsame Besprechung des Angebotes sollten Sie recht genau abschätzen können, welchen Wert der Einsatz Ihrer Leistung oder Ihres Produkts für die Kundin hat.

Der Fokus vieler Verhandlungen im vertrieblichen Bereich liegt tatsächlich auf dem Preis. Von den meisten Verhandlern wird die Position des Preises als die wichtigste angesehen. Ich möchte dem allerdings widersprechen und sogar so weit gehen, zu sagen, dass alles verhandelbar ist, nur nicht der Preis. Das heißt nun in erster Konsequenz, dass wir versuchen, unseren festgelegten Preis beizubehalten und möglichst nicht von ihm abzurücken. Ob uns das gelingt, hängt von verschiedenen Faktoren ab. Etwa davon, wie stark unsere Verhandlungsposition ist, aber eben auch davon, wie gut wir vorbereitet sind. Um den Preis zu schützen, können wir bestimmte Arten der Verhandlung und verschiedene Techniken anwenden, die ich Ihnen später vorstellen will. Damit diese Techniken aber auch wirksam sind, ist es unabdingbar, sich gut auf die Verhandlung vorzubereiten. Und »gut« heißt hier wirklich: umfassend. Meiner Erfahrung nach braucht die Vorbereitung einer Verhandlung ungefähr das Vierfache der Dauer der Verhandlung. Wenn Sie also mit einer anderthalbstündigen Verhandlung rechnen, dann planen Sie sechs Stunden für das vorbereitende Meeting mit Ihrem Team ein.

Das Ziel aller Vorbereitungen ist letztlich immer die Darlegung und Plausibilisierung des Verhältnisses zwischen Ihrer Leistung und dem dafür aufgerufenen Preis. Um das zu erreichen, müssen Sie schlüssig argumentieren und Ihre Leistungsmerkmale sowie den Preis verteidigen können. Das kann wiederum nur dann gut gelingen, wenn Sie alle möglichen Informationen über Ihr Produkt oder Ihre Dienstleistung und alles mögliche Wissen über Ihren Verhandlungspartner haben. Dass Ihr Preis von Anfang an von Ihrem Verhandlungspartner akzeptiert wird, ist ein seltener Glücksfall. In den meisten anderen Fällen wird Ihr Gegenüber versuchen, den Preis zu reduzieren, indem er gegen ihn argumentiert. Darauf sollten Sie vorbereitet sein.

a) Kennen Sie sowohl die Interessen Ihres Gegenübers als auch Ihre eigenen

Was können Sie also tun, um sich auf eine Verhandlung vorzubereiten, in der alles verhandelt werden kann außer dem Preis? Grenzen Sie zunächst das Spielfeld ein! Fragen Sie sich im Vorfeld der Verhandlung, wo die eigenen Interessen und die Interessen des Gegenübers liegen. Welche Aussagen hat der potenzielle Kunde im Laufe des bisherigen Prozesses gemacht, welche Problempunkte hat er zum Beispiel in einer Bedarfsanalyse geäußert? Warum will oder braucht er eine Zusammenarbeit mit Ihnen? Aus welchem Grund interessiert er sich überhaupt gerade für Ihr Produkt und nicht für ein anderes? Welche Interessen bestehen Ihrerseits? Sobald Sie diese Bestandsaufnahme der Informationen festgelegt haben, schauen Sie noch mal auf Ihr geistiges Spielfeld und erweitern es! Was könnten weitere Verhandlungsgegenstände sein? Kann das Kundenunternehmen Ihnen vielleicht auch über den reinen Kauf hinaus nützlich sein, eignet es sich etwa für eine Case Study, die Sie dann wiederum anderen Interessenten in der Demonstrationsphase zeigen können? Haben Sie Interesse an einer langfristigen Kundenbeziehung, weil sich bei diesem speziellen Kunden gute Chancen auf weitere Verkäufe (Cross Selling, Upselling) bieten? Was sind die Qualitäten Ihres Unternehmens, mit denen Sie auch über die Qualität Ihres Produktes hinaus punkten können? Haben Sie eine spezielle Kundenkommunikation, einen besonders guten Support, ist die Termintreue in Ihrem Unternehmen sehr hoch, bietet Ihre

Dienstleistung inklusive Ausfallredundanzen? All die zusätzlichen Punkte, die direkt erst einmal nichts mit dem Preis zu tun haben – all das sollten Sie sich noch vor dem Beginn der Verhandlung vergegenwärtigen.

b) Erschließen Sie den Kontext, in dem die Verhandlung stattfindet

Wichtig ist auch, sich über den zeitlichen und inhaltlichen Kontext klar zu werden, in dem der Verkaufsabschluss stattfinden soll. Wir haben die Situation des Kundenunternehmens in den ersten Prozessphasen sehr genau unter die Lupe genommen. Aber seit diesem Punkt mag einige Zeit vergangen sein, vielleicht sogar ein längerer Zeitraum zwischen beiden Alternativen liegen. Deshalb ist es wichtig, die aktuelle Situation zu kennen. Passt das, was wir anbieten, noch zu unserem potenziellen Kundenunternehmen? Was hat sich geändert? In welcher Situation befindet es sich hinsichtlich seines Bedarfs? Ist dieser größer, vielleicht sogar dringender geworden (das würde unsere Verhandlungsposition stärken) oder wird unsere Leistung vielleicht gar nicht mehr wirklich gebraucht? Sie können dies anhand der Zahl der Follow-ups sowie der Hard und Soft Takeaways abschätzen, die es benötigte, um überhaupt in die Verhandlungsphase zu kommen. Im geschäftlichen Umfeld können sich die Dinge manchmal sehr rasch entwickeln. Oder wie es bei Heraklit, einem der alten griechischen Philosophen, heißt: »Man steigt nie zweimal in denselben Fluss.« Prüfen Sie also sorgfältig die Wasserqualität. Das gilt auch für Ihren eigenen inhaltlichen Kontext und den Ihres Unternehmens. Passt das potenzielle Kundenunternehmen noch zu Ihnen? Was haben Sie von ihm zu erwarten? Haben zusätzliche Informationen beispielsweise ergeben, dass es für seine schlechte Zahlungsmoral bekannt ist? Wie hat sich der Kontext bezüglich des Marktes und Ihrer Konkurrenz entwickelt, haben Sie vielleicht neuerdings Mitbewerber, die Ihre Position schwächen können, indem Sie etwas Ähnliches anbieten wie Sie?

All das sollten Sie wissen, wenn Sie gut verhandeln wollen. Denn die Stärke Ihrer Verhandlungsposition hängt von diesen Informationen ab. Der Ausgang der Verhandlung ist nahezu vorhersagbar, wenn die Informationen im Vorfeld schon verraten, wer die stärkere Position einnimmt. Ich lehne mich in dieser Einschätzung gerne an das Prinzip des BATNA (Best Alternative to a Negotiated Agreement) an, das aus dem Harvard Konzept der Verhandlungsführung von Roger Fisher und William Ury stammt. Die beste Alternative im Falle des Scheiterns einer Verhandlung ergibt sich aus dem Kontext. Als Anbieterin oder Anbieter von innovativen, komplexen und erklärungsbedürftigen B2B-Produkten gilt in den meisten Fällen, dass Sie nicht viel direkte Konkurrenz auf dem Markt haben werden. Wenn die Verhandlung für einen Verkaufsabschluss also scheitern sollte, haben Sie vielleicht keinen Gewinn gemacht – Ihr Gegenüber hat aber den Erwerb eines innovativen Produktes verpasst, für das er so schnell wahrscheinlich keinen Ersatz finden wird. Während Sie also den verpassten Umsatz leicht mit einem anderen Kunden wieder aufholen können, hat Ihr Verhandlungspartner eine Chance auf Weiterentwicklung seines Unternehmens vertan, die nicht so schnell wiederkommen wird. Sie haben hier also klar die bessere Alternative als Ihre Verhandlungspartnerin und somit auch eine stärkere Verhandlungsposition.

Meine Erfahrung ist zudem, dass in Fällen, in denen beide Verhandlungsparteien schlechte Alternativen haben und damit beide auf einer recht schwachen Verhandlungsposition stehen, der- oder diejenige die Verhandlung gewinnt, der besser vorbereitet ist und die meisten Informationen (vor allem über sein Gegenüber) hat. Das mutigere Mindset zu haben, ist ebenfalls ein klarer Vorteil (dazu komme ich im nächsten Abschnitt). Eine schwache Verhandlungsposition haben wir beispielsweise dann, wenn wir einen Verkaufsabschluss sehr dringend brauchen, unsere Kundin aber zum aktuellen Zeitpunkt nicht unbedingt auf den Kauf unseres Produktes angewiesen ist. Wenn wir eine derart schwache Verhandlungsposition einnehmen, kann es angezeigt sein, von unserer Regel des Preisschutzes abzuweichen und doch einen Preisnachlass zu gewähren. Für diesen Fall sollten wir uns – natürlich bereits in der Vorbereitung für die Verhandlung – einen Reservation Point festgelegt haben, bis zu welchem wir den Preis noch reduzieren können, ohne dass wir nach dem Verkaufsabschluss ebenso schlecht oder gar schlechter dastehen wie ohne ihn. Diese Kalkulation gehört ebenso in die Vorbereitung wie die Analyse der eigenen und gegnerischen BATNA.

c) Ohne das richtige Mindset werden Sie nicht gut verhandeln

Wichtig für die Stärke der Verhandlungsposition sind aber nicht nur die oben genannten objektiv feststellbaren Kriterien, auch die eigene Einstellung zur eigenen Position und zum eigenen Kontext ist von Bedeutung. Wie man also mit den objektiven Kriterien umgeht und welchen Mut man gegebenenfalls in einer Verhandlung zeigt, hat einen großen Einfluss auf die eigene Verhandlungsstärke und damit auch den Ausgang der Verhandlung. Ein viel zitiertes Beispiel aus der Industrie führt an, dass Automobilzulieferer oft die Einschätzung teilen, von den Automobilherstellern abhängig zu sein und damit Preise und Konditionen diktiert zu bekommen. Schließlich hätten die Zulieferer ohne die Hersteller keine Aufträge. Die Automobilhersteller auf der anderen Seite geben an, von den Zulieferern abhängig zu sein und deren Konditionen akzeptieren zu müssen, weil ohne die Zulieferer keine Autos gebaut werden können. Beide Parteien sehen sich also in einer schwachen Verhandlungsposition – eine Situation, die in geschäftlichen Verhandlungen tatsächlich häufig vorkommt. In diesem Fall entscheidet auch das Mindset – die Bereitschaft, die eigene Sicherheitszone auszudehnen oder zu verlassen und den eigenen Mut auf die Probe zu stellen – über den Ausgang. Sie können sich ein gewisses Risiko in einer Verhandlung ruhig zutrauen und versuchen, Ihre Risikoaversion zu überlisten. Wenn Sie mit den Rollen aus dem Pair Selling vorgehen, haben Sie ohnehin einen Verhandler eingesetzt, der austauschbar sein sollte. Geht dieser zu weit, können Sie sich jederzeit für seine Unerfahrenheit, seine Unverschämtheit und seine Fehler entschuldigen und bekommen mit hoher Wahrscheinlichkeit die Chance, die laufende Verhandlung, die nun zu scheitern droht, auf einem etwas niedrigeren Niveau wieder aufzunehmen. Um Erfahrung im Verhandeln zu sammeln, ist es durchaus sinnvoll, eine solche Situation auch einmal zu provozieren, vielleicht bis kurz vor das Scheitern der Verhandlung zu gehen und dann zurückzurudern. Es wird Ihnen zeigen, wie viel Einfluss Sie tatsächlich auf eine Verhandlung haben, auch wenn Sie vielleicht zu ihrem Beginn geglaubt haben, auf einer schwachen Position zu stehen.

6.3 Die vier Arten der Verhandlung

Nachdem Sie nun die wichtigsten Regeln für die Verhandlung und die wichtigsten Punkte für deren umfangreiche Vorbereitung kennengelernt haben, möchte ich Ihnen ein paar verschiedene Stile und Arten der Verhandlungsführung vorstellen. Sie werden sie in der Realität gegebenenfalls nur selten in Reinkultur vorfinden. Viel häufiger vermischen sich verschiedene Stile oder wechseln sich innerhalb einer einzigen Verhandlung ab. Um Ihnen die grundlegenden Prinzipien zu verdeutlichen, möchte ich Ihnen dennoch jeweils ein repräsentatives Beispiel für jede Verhandlungsart vorstellen.

Um das Prinzip hinter den Gemeinsamkeiten und Unterschieden der Methoden, die ich Ihnen vorstellen werde, zu verstehen, reicht es, zu wissen, dass sie sich allesamt im Spannungsfeld zwischen Konflikt und Kooperation bewegen. Ziel dieses Abschnitts ist es, Ihnen anhand illustrativer Beispiele die verschiedenen Verhandlungsarten und ihre Stärken und Schwächen aufzuzeigen. Enden wollen wir mit einem Stil, der die Vorteile aller anderen zusammenfasst und es Ihnen ermöglicht, Ihre Interessen durchzusetzen und Ihre Werte zu schützen.

Die wettkampforientierte Verhandlung

Die Ansicht, Verhandlungen seien eine Art Wettkampf, ist weitverbreitet. Verhandlungen, die einem Wettkampf gleichen, werden oft als das eigentliche Verhandeln angesehen. Das mag daran liegen, dass als erste Assoziation zum Begriff »Verhandeln« oft das Feilschen auf einem Basar aufgerufen wird, das ja genau zu dieser Art kompetitiver, wettkampfähnlicher Verhandlung gehört. Diese Art der Verhandlung können Sie auch als Wettkampf um die Verteilung eines Kuchens zwischen zwei Parteien verstehen. Es gibt nur eine begrenzte Menge Kuchen, über die verhandelt werden kann. Wird über die zu verteilenden Stücke des Kuchens verhandelt, kann eine Partei nur dann mehr Stücke bekommen, wenn die andere Partei weniger bekommt. Der Gewinn der einen ist also der Verlust der anderen Seite.

Stellen Sie sich vor, Sie rufen einen Preis für ihr Produkt aus, der dann die Ausgangsbasis der Verhandlung bildet. Schafft die potenzielle Käuferin es, Ihren Preis zu drücken, haben Sie einen relativen Verlust und die Käuferin einen relativen Gewinn zu verzeichnen. Bei dieser Art des Verhandelns handelt es sich also am Ende um eine Win-lose-Situation, bei der, gemessen am Ausgangspunkt, die eine Partei etwas verliert und die andere etwas hinzugewinnt. Die Grundlage dieses Verhandlungsstils ist oft Misstrauen und Mangel an Informationen. Der Einkäufer geht davon aus, dass der Verkäufer den Preis zu hoch angesetzt hat, um eine gute Verhandlungsposition zu haben. Ähnlich wie beim Feilschen auf dem Basar ist er also überzeugt, dass er da noch etwas rausholen kann. Der Verkäufer auf der anderen Seite geht seinerseits davon aus, dass der Einkäufer ihn nur im Preis drücken will. Die Verhandlung soll dann ein Gleichgewicht schaffen und den richtigen Preis zum Vorschein bringen, der irgendwo zwischen den beiden erstgenannten Preisen von Verkäufer und Einkäufer liegt. Den Gegenspieler in diesem Spiel an den Rand der finanziellen Realisierbarkeit zu bringen, fühlt sich für viele (vor allem männliche) Protagonisten wie der Sieg in einem Wettbewerb an. Der Verhandlungspartner wird in dieser Art der Verhandlung daher auch immer als Gegner angesehen. Das ist auch der Grund, warum ich diese Art des Verhandelns gerne als »Bazooka« bezeichne. Nachdem hochkompetitiv verhandelt wird, ist meist das zuvor aufgebaute Wertekonstrukt dem Erdboden gleichgemacht. So zu verhandeln ist als Gesamtstil (wenn überhaupt) nur empfehlenswert, wenn eine längerfristige Beziehung nicht erwünscht ist. Wirkungsvoll ist diese Verhandlungsart, wenn es um einzelne wichtige Positionen geht, wie wir bald sehen werden.

Die beziehungsorientierte Verhandlung

Das Gegenstück zum wettkampforientierten, kompetitiven Verhandlungsstil ist die beziehungsorientierte Verhandlung. An die Stelle des Kräfte messenden, in gegenseitigem Wettbewerb stehenden Verhaltens tritt in dieser Art der Verhandlung nun ein auf den Menschen und die Beziehung gerichtetes Verhalten, das die Positionen und Interessen des Gegenübers in gleicher Weise würdigt wie die eigenen. Konflikte, egal ob in der Sache oder zwischen den Personen, werden möglichst in gegenseitigem Respekt verhandelt. Der Fokus wird auf die gute Zusammenarbeit gelegt. Das heißt: Die Verhandlerin hat vor allem den Erhalt einer guten und langfristigen Beziehung im Blick und macht dafür gegebenenfalls Zugeständnisse bei der verhandelten Sache. Die Verhandlung wird insgesamt weicher und vorsichtiger geführt, um die langfristigen Folgen einer beschädigten Beziehung zu vermeiden. So versucht man als Auftraggeber zum Beispiel, den Preis einer Dienstleistung bewusst nicht zu drücken, weil man sich erhofft, mehr Ressourcen und erfahrene Mitarbeiter vom Auftragnehmer in das gemeinsame Projekt zu involvieren und das für die nächsten Jahre beizubehalten, weil man von der Leistung überzeugt ist.

Ein Problem bei beziehungsorientierten Verhandlungen ist, dass sie nur funktionieren, wenn wirklich beide Parteien diese Harmonie suchen und im gegenseitigen Interesse arbeiten. Sie kann schnell in eine wettkampforientierte Verhandlung kippen, wenn etwa neue Personen eingeführt werden, die die beziehungsorientierte Art der Verhandlung nicht bevorzugen und ihre Regeln nicht beachten. Es ist also gut möglich, dass durch den Austausch der Verhandler die beziehungsorientierte Verhandlungsart scheitert. Das kann ebenso passieren, wenn einer der Verhandler den Modus der Beziehungsorientierung schlichtweg aufkündigt. Diese für viele überraschende Aufkündigung begegnet uns in den letzten Jahren zunehmend im Bereich der Politik oder in diplomatischen Beziehungen zwischen Staaten. Verträge, die von einer vorhergehenden Regierung mit anderen Staaten geschlossen wurden, werden erst einmal komplett gekündigt, um sie dann von Grund auf neu zu verhandeln. Beziehungsorientierte Verhandlungen, wie wir sie aus dem obigen Beispiel kennen, müssen dann oft Verhandlungen im Wettkampfmodus weichen, wie sie etwa der von 2017 bis 2021 amtierende US-Präsident bevorzugte.

Die beziehungsorientierte Verhandlung ist zudem, gerade bei Neugeschäften, oft der Wolf im Schafspelz. Sie wird gern als Vorwand benutzt: »Ich möchte mit Ihnen nach dem ersten Auftrag für die nächsten fünf Jahre zusammenarbeiten. Machen Sie mir deshalb doch einen niedrigen Preis.« Oder: »Geben Sie mir einen Discount, damit ich meinen Chef überzeugen kann. Dann sind Ihnen die nächsten zehn Verkäufe gewiss.« Wenn Sie etwas in dieser Art hören, fragen Sie nach, ob Sie das schriftlich bekommen könnten. Falls ja, ist das eine gute Bewertungsgrundlage für Sie, auf Basis derer Sie entscheiden können, ob sich die Sache lohnt. Falls nicht, wissen Sie, dass hier jemand nicht beziehungs-, sondern wettkampforientiert verhandelt und die Beziehungsorientierung nur als Mittel zum Zweck benutzt wird.

Meiner Meinung nach haben Kontinuität, Vertrauen und Verlässlichkeit eine hohe Wichtigkeit für gute Verhandlungen. Sich auf die guten Beziehungen zu Menschen zu verlassen, birgt allerdings auch ein Risiko, auf das Sie vorbereitet sein sollten, denn nicht jeder Verhandler ist an diesen Werten interessiert.

Die kompromissorientierte Verhandlung

Wir haben nun zwei Arten der Verhandlung in unserem Repertoire. Zum einen ist da die wettkampforientierte Version, die versucht, Ihre Positionen kompromisslos zu schützen Ihre Ziele ohne Rücksicht auf die Gegenpartei durchzusetzen, und die dabei auch bereit ist, Beziehungen zu gefährden. Zum anderen haben wir nun die beziehungsorientierte kennengelernt, die unter Umständen nachgiebiger bezüglich der verhandelten Positionen ist und den Erhalt der Beziehung dafür in den Mittelpunkt rückt. Selbstverständlich haben beide ihre Vor- und Nachteile und sind je nach Situation mehr oder weniger angemessen.

Lassen Sie uns noch eine weitere Möglichkeit betrachten, eine Verhandlung zu führen beziehungsweise zu beenden: der Kompromiss. Damit ist gemeint, dass man einen Konflikt friedlich beendet oder Situationen schafft, in denen Konflikte in Zukunft gar nicht mehr entstehen sollten. Jeder Verhandlungspartner gibt dafür Teile seiner Forderungen auf und akzeptiert eine Kompromisslösung. Der Begriff »Kompromiss« kommt natürlich nicht nur in geschäftlichen Verhandlungen vor. Gerade auch im gesellschaftlichen und politischen Diskurs waren und sind Entscheidungen und Ausgänge von Verhandlungen oft durch Kompromisse geprägt.

Das Problem des Kompromisses ist es, dass eine Einigung verhandelt wird, ohne jedoch den bestehenden Konflikt als Ganzes lösen zu wollen: Das scheint auf den ersten Blick einfacher und deshalb eine gute Lösung zu sein. Aus diesem Grund werden Kompromisse auch gerne von Verhandlungsanfängern und Personen im privaten Bereich ihrer Beziehungen angestrebt.

Beide Seiten bekommen eine zumindest kurzfristig akzeptable Lösung, die sie allerdings langfristig nur eingeschränkt annehmen können: Im privaten Bereich einer Partnerschaft wäre ein Beispiel dafür etwa die Frage nach dem Urlaubsort. Sie will in den Alpen wandern gehen, er will an der Nordsee entspannen. Der Kompromiss wird ein Urlaub in der Mitte – Bielefeld. Wunderbar!

Kompromisse führen dazu, dass künftige Situationen auf ähnliche Weise gelöst werden. Es wird eine sogenannte Kompromisskultur etabliert. Auf den einen Kompromiss folgt der nächste oder es wird schlichtweg gar nicht mehr verhandelt, um Konflikte zu vermeiden: Sie will Sushi, er will griechisch. Sie gehen zum Italiener – weil Pizza mag ja jeder. In Zukunft gehen beide gemeinsam nur noch Pizza essen, um Diskussionen zu vermeiden.

Die ursprünglichen Bedürfnisse verschwinden nicht: Die damit verbundenen Konflikte wurden nur verschoben und werden ganz sicher wieder zutage treten, da keine Lösung für beide Seiten gefunden wurde. Da Kompromisse sich meist auf Verhandlungssituationen konzentrieren, die zwischen zwei Extrempositionen geführt werden, wird die Möglichkeit einer weiteren, dritten, komplett neuen Alternative meist übersehen.

Die preisschutzorientierte Verhandlung

Kommen wir nun zur meiner Meinung nach effektivsten Verhandlungsart, dem Verhandeln mit gleichzeitigem Preisschutz beziehungsweise Wertschutz. Ich nenne das zugrunde liegende Prinzip auch Price Protection oder Value Protection. Zur Verdeutlichung dieses Prinzips möchte ich Ihnen das illustrative Beispiel einer Extremsituation vor Augen führen:

Was haben Geiselverhandlungen und Preisverhandlungen gemeinsam? Auf den ersten Blick vielleicht nicht gerade viel. In dem einem Szenario geht es oft um Leben und Tod, während es im anderen nur um die eher profane Angelegenheit geht, einen Preisnachlass zu verhindern. Auch wenn die Kategorien wohl unterschiedlicher nicht sein könnten, so ist die Technik des Verhandelns doch sehr ähnlich. Beide Male gilt das Prinzip, dass es etwas gibt, das unter allen Umständen beschützt werden muss und nicht angetastet werden darf. Auf der einen Seite ist das Überleben der Geiseln (und der Polizisten, sogar der Geiselnehmer), auf der anderen Seite die Wertigkeit des Preises. Abgesehen von diesen Punkten ist erst einmal alles verhandelbar.

Im Vertrieb macht der Preisschutz durch die Verkäuferseite eine Verhandlung schwierig, denn die Einkäuferseite geht meist gerade mit der dezidierten Erwartung in das Gespräch, eben gerade den Preis zu verhandeln. Analog zur Geiselnahme ist das in dieser Art der Verhandlung aber eine Fehleinschätzung: Der Verhandlungsführer in einer Geiselnahme verhandelt alles, aber nicht das Leben von Geiseln – auch wenn der Geiselnehmer das vielleicht fälschlicherweise so annehmen mag. Die Aufgabe ist der Schutz des Lebens und nicht die Verhandlung desselben.

Zu Beginn der Verhandlung ist also die wichtigste Information das sogenannte Lebenszeichen. Der Verhandler muss wissen, ob die Geiseln noch leben und ob es überhaupt eine Grundlage für Verhandlungen gibt. Ohne Lebenszeichen kommt keine Verhandlung zustande und es müssen gewaltsame Alternativen abgewogen werden. Als Preisschützer ist unser Lebenszeichen die Liquidität des Kunden. So droht ein preisschützender

Verhandler die Verhandlungen abzubrechen, wenn der potenzielle Kunde (ob durch Bluff oder als Tatsache) preisgibt, dass er sich das Angebot nicht leisten kann.

Wir wollen nun jedoch die Analogie nicht überstrapazieren, verhandeln wir doch schließlich mit Geschäftspartnern und nicht mit Kriminellen – das hoffe ich jedenfalls für Sie. Lassen Sie uns also einfach festhalten, dass das wichtigste Prinzip einer guten Verhandlung der absolute Schutz des Wertes Ihrer Leistung ist. Durch die gegensätzlichen Erwartungen der beiden Parteien (Preisverhandlung versus Preisschutz) besteht bereits ein Konflikt in der Sache und der Konflikt zwischen den Personen ist nahezu vorprogrammiert. Die (unter Umständen einzige) Aufgabe der Einkäuferin oder des Einkäufers ist es ja letztlich, den Preis zu reduzieren. Eine harte Verhandlung in der Sache führt meines Erachtens also immer auch zu einer harten Verhandlung gegen die Person, und das ist vollkommen legitim. Denn selbstverständlich gelten dabei nach wie vor die Regeln für faire Verhaltensweisen (siehe Abschnitt »Lassen Sie sich nicht auf Tricks und Spielchen ein.«, Seite 180). Unter einer harten Verhandlung verstehe ich also keinesfalls plötzlich die Anwendung mutmaßlicher psychologischer Tricks oder perfider Angriffstechniken.

Um das Dilemma von Preisreduktion und Preisschutz aufzulösen, wird in vielen Unternehmen der zukünftige Rabatt auf den Preis aufgeschlagen. Man rechnet einfach schon damit, dass der Verhandlungspartner den Preis drücken will. Und um ein wenig nachgeben zu können, setzt man den Gesamtpreis eben höher an. Wir sind also wieder auf dem Basar gelandet. Das ist keine Verhandlung, das ist bloßes Feilschen. Die Preisverhandlung selbst läuft dann innerhalb der sogenannten Zone of Possible Agreement ab, an deren unterem und oberem Ende die Preis-Pole jene Stellen markieren, an denen die jeweiligen Parteien aus der Verhandlung aussteigen würden, weil der Preis (dem Einkäufer) zu hoch oder (dem Verkäufer) zu niedrig ist. Zwischen diesen beiden Polen liegt die Zone der möglichen Einigung über einen Preis. Die Verkäuferseite setzt den Preis möglichst hoch an, sodass er gerade noch innerhalb oder schon leicht außerhalb der Grenze dessen ist, von dem der Verkäufer glaubt, dass der Einkäufer es maximal zahlen würde. Bevor der Käufer abspringt, weil ihm das Produkt zu teuer ist, gewährt ihm der Verkäufer einen Preisnachlass und der Verkauf findet statt.

Das kann man so machen. Nur, warum sollte man sich überhaupt mit angenommenen und geschätzten Zahlen herumschlagen? Die ZOPA (Zone Of Possible Agreement) hat den Nachteil, dass sie sich nur auf den Preis konzentriert und nicht auf all die anderen Inhalte, die als Verhandlungsmasse möglich sind. Sich auf die Interessen und Ziele zu konzentrieren, ergibt wesentlich mehr Sinn, als sich in einer Preisschlacht zu bekriegen. Sie erinnern sich: Wir haben den ganzen Verkaufsprozess über eigentlich nichts anderes getan, als genau diese Informationen von unserer Interessentin oder unserem Kunden zu bekommen. Eine der Grundregeln der Verhandlung ist ihre gute Vorbereitung. Zudem waren wir auf den Nutzen, den Mehrwert, die Interessen fokussiert, die unsere Interessentin haben könnte. Diese Informationen sollten uns also alle vorliegen. Und falls nicht, ist noch immer Zeit, danach zu fragen. Vor allem ist nun auch der Moment gekommen, in dem wir unsere eigenen Interessen kommunizieren und verteidigen können. Dazu gehört nicht zuletzt unser Preis. Und der sollte realistisch kalkuliert sein. Sicher spielt in dieser Kalkulation auch die Einschätzung der Zahlungsbereitschaft auf Kundenseite eine Rolle. Denken Sie an das oben genannte vertriebliche Lebenszeichen.

Wie schon beim Abschnitt über die Vorbereitung der Verhandlung gesagt, ist eines der Hauptziele der Vorbereitung die Darlegung und Plausibilisierung Ihres Preises. Nur so können Sie Ihren Preis schützen. Wichtig ist also, dass wir keine Fantasiepreise ausrufen oder uns dazu hinreißen lassen, die Höhe des Preises an der Obergrenze dessen zu orientieren, was ein bestimmter Kunde zu zahlen bereit ist, und somit bei verschiedenen Kunden für dasselbe Produkt verschiedene Preise aufrufen. Wenn verschiedene Kunden verschiedene Preise bekommen, müssen Sie das plausibel begründen können. Stellen Sie sich folgende Situation vor: Sie stehen an der Kasse eines Supermarkts, vor Ihnen eine andere Kundin oder ein anderer Kunde. Sie wollen eine Tüte Chips bezahlen. Sie sehen, dass die Kasse beim Kunden vor Ihnen einen Preis von 1,49 Euro anzeigt. Als Sie dann die Chips bezahlen wollen, zeigt die Kasse – es sind die gleichen Chips – einen viel höheren Preis. Wodurch wäre das begründbar? Dadurch, dass Sie mehr verdienen oder älter sind, weniger Chips essen oder aus München kommen? Würden Sie sich gerecht behandelt vorkommen? Sie können davon ausgehen, dass sich Preise, vor allem Preisnachlässe, auch zwischen Ihren Kunden herumsprechen. Wenn Sie nun dem einen Kunden einen höheren Preis nennen als dem anderen, werden Sie dies rechtfertigen müssen. Natürlich gibt es sogenannte Preistreiber, die tatsächlich einen höheren Preis rechtfertigen. Dazu gehören außergewöhnliche Ansprüche des Kunden, etwa ein enger Zeitrahmen, eine besonders schnelle Abwicklung oder andere Besonderheiten. Bestandskundenrabatte sollten Sie generell vermeiden, denn damit setzen Sie genau genommen das Signal, dass Ihr erster Preis zu teuer war und Sie ohne große Probleme von ihm abrücken können. Sprechen sich Rabattierungen herum, werden andere Kunden ebenfalls auf sie bestehen, und dann müssen Sie unter Umständen rechtfertigen, warum Sie keinen geben können, was viel schwieriger ist, als Ihren angemessen kalkulierten Ursprungspreis plausibel zu erläutern. Ich will Ihnen nun zeigen, wie Sie beim einmal festgelegten Wert für Ihr Produkt oder Ihre Dienstleistung bleiben können und in der Verhandlung Ihrer Verhandlungspartnerin trotzdem entgegenkommen können.

6.4 Techniken des Preisschutzes

Ich hoffe, ich konnte Ihnen plausibel erläutern, warum es sich lohnt, dem Preisschutz den Vorzug vor Rabattschlachten zu geben. Dass der Preisschutz die beste aller Verhandlungsarten ist, klang ja vielleicht bereits durch. Dieser kombiniert alle vorhandenen Stile, die ich Ihnen in den Beispielen dargelegt habe, nämlich den wettkampf-, den beziehungs- und den kompromissorientierten Stil.

Anhand der im Folgenden erklärten Techniken, die Sie für den Preisschutz und die Value Protection einsetzen können, will ich Ihnen nun noch zeigen, warum das so ist. Sie werden sehen, dass in diesen Techniken die bereits bekannten Prinzipien aus den Verhandlungsarten Wettkampf, Beziehung und Kompromiss wieder nutzbar gemacht werden. Allerdings bedienen wir uns hieraus jeweils nur der produktiven Attribute und lassen die destruktiven beiseite.

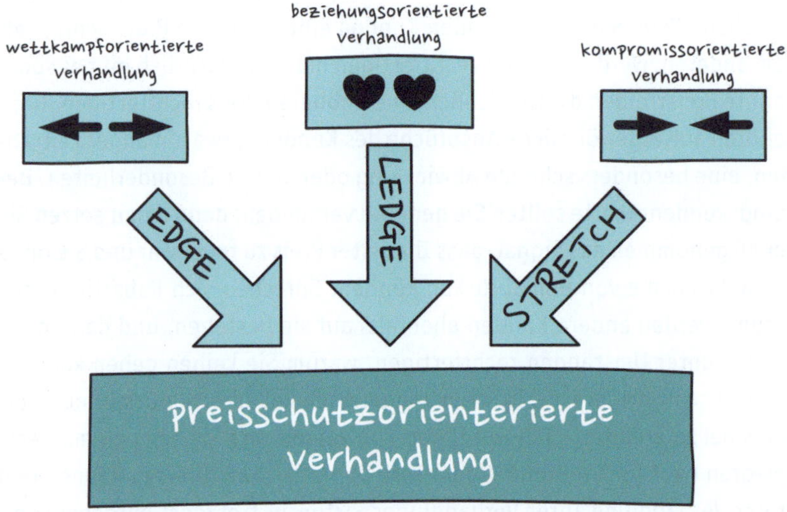

Abbildung 18: Aus den drei Arten der Verhandlung nehmen wir die konstruktiven Werkzeuge und setzen sie als Techniken in der preisschutzorientierten Verhandlung ein.

Nicht drücken lassen: Die Edge-Technik

Um Ihnen die von mir benutzte Terminologie zu verdeutlichen, will ich Ihnen das Bild eines Bergsteigers vermitteln, der den Gipfel erklimmt. Ich finde dieses Bild sehr passend, denn es illustriert gut, wie auch wir im Laufe unseres Prozesses viele Etappen bewältigt haben und nun in der Verhandlung auf der Bergspitze angekommen sind. Auch die von uns erbrachte bisherige Leistung bezüglich des Produktes oder des Services ist natürlich spitze. Der

Preis entspricht der Wertigkeit unserer Leistung und ist durch die eigene Qualität und die Qualität des Prozesses gerechtfertigt und plausibilisiert. Dennoch kann es vorkommen, das ein potenzieller Kunde vor dem Kaufabschluss doch noch eine Korrektur vornehmen und den Preis nach unten anpassen will. In unserer Analogie bleibend, können wir sagen: Er will ihn über die Kante (Edge) des Berges drücken, dabei die Leistung aber oben behalten. An dieser Stelle führen wir das wichtigste Prinzip der Edge-Technik ein: Ein anderer Preis geht immer mit einer anderen Leistung einher. Will der Kunde also den Preis reduzieren, ist das ohne eine Anpassung der Leistung nicht möglich. Gehen wir preislich über die Kante, muss die Leistung folgen. Will unser potenzieller Kunde das Beste, was wir zu bieten haben, muss er auch bereit sein, uns für das Beste zu bezahlen. Ein Abstieg des Preises vom Berg hat also immer auch den Abstieg der Leistung zur Folge. Ein reiner Discount ist nicht möglich und sollte im B2B niemals gemacht werden. Außer natürlich Sie haben vor, Ihre Lösung im Sommer- oder Winterschlussverkauf vor einem Baumarkt zu verhökern. Apropos Baumarkt: Ich erinnere mich an eine humorvolle Baumarktwerbung, die hier gut passt und die sinngemäß so lautete: »Wer Rabatte gibt, war zuvor zu teuer.«

Man kann die Technik des Edge auch so handhaben, dass man sich erst gar nicht auf leistungsabsenkende Preisverhandlungen einlässt. Schließlich haben Sie sich bei der Erstellung des Angebotes etwas gedacht. Sie haben nicht nur die Preise für einzelne Angebotspositionen festgelegt, sondern die Positionen auch an die Situation Ihres Kunden oder Ihrer Kundin angepasst. Wenn man der Kundin also die Leistung kürzen muss, kann das dazu führen, dass das Produkt oder die Dienstleistung nicht mehr für sie funktioniert. »Take it or leave it«, das bekannte »Nimm es oder lass es« ist eine sehr starke, in manchen Fällen sogar kompetitiv-konfrontative Aussage an den Kunden. Viele Verkäufer trauen sich nicht, einen derartigen Satz zu äußern. Er verspricht allerdings Erfolg. Zumal dann, wenn unsere Vorbereitung darauf hinweist, dass ein Kauf wahrscheinlich ist. Gerade junge Unternehmen, die nie ›on the edge‹ verhandeln, werden es schwer haben, sich über die wahre Wertigkeit ihrer Produkte und Preise klar zu werden.

In meinen Coachings und Seminaren bringen geübte Rabattierer gerne das Argument vor, dass der Kunde möglicherweise nicht kauft oder weinend zur Konkurrenz läuft, wenn man ihn auf diese Art konfrontiert. Das mag tatsächlich vorkommen. Worin Sie sich aber sicher sein können, ist, dass Wertigkeit verloren geht, wenn man rabattiert. Ist dem Rabatt einmal die Tür geöffnet, wird der Kunde beim nächsten Mal wieder einen Discount verlangen. Ab diesem Zeitpunkt wird die Entwicklung des Preises nur noch in eine Richtung gehen, nämlich nach unten. Berücksichtigt man hierbei noch die Inflation, die ja eigentlich einen Preisanstieg rechtfertigt, sollten wir das mit der Edge-Technik verbundene Risiko aber eingehen. Immerhin bedeutet das, dass wir auch alle Kunden gleich behandeln, was die Preisgestaltung angeht. Durch die Edge-Technik erreichen Sie also eine positive Gestaltung der wettkampforientierten Verhandlung.

Einfach mal hängen lassen: Die Ledge-Technik

Nehmen wir nun an, der Kunde bestehe auf einen Rabatt. Auf eine proportionale Reduzierung der Leistung lässt er sich allerdings nicht ein. Was nun? Hier sollte zunächst geprüft werden, ob ein klares Edge, also strikte Price Protection im Sinne von »Take it or leave it«, sinnvoll ist. Wollen Sie es etwas sanfter gestalten oder haben Sie die Verhandlung eventuell von einer anderen Person übernommen, die bereits mit der Edge-Technik gescheitert ist, können Sie folgende Technik anwenden:

Gehen Sie, bildlich gesprochen, einen Schritt über die Kante (den Edge) auf den Abgrund zu und lassen Sie sich fallen. Wie ein Extremkletterer hängen Sie nun von der Kante des Felsvorsprungs und warten darauf, von Ihrem Partner wieder hochgezogen zu werden. Durch einen zunächst geringen Preisnachlass prüfen Sie, was die potenzielle Kundin bereit ist, Ihnen als Gegenleistung anzubieten. Statt allerdings selbst vorzugeben, welcher Teil der Leistung oder des Produkts bei einer Reduzierung des Preises gestrichen oder aus dem Angebot entfernt wird (wie beim Edge-Vorgehen), legen Sie den Fokus nun auf die Kreativität der Kundin. Was ist sie bereit, als Gegenleistung für Ihren Discount an nichtmonetärem Mehrwert zu schaffen? Wir geben also sozusagen in der Verhandlung nach, um die Beziehungsfrage zu stellen. Kommt die Gegenpartei auf uns zu und reicht uns die Hand, um uns vom Felsvorsprung, an dem wir hängen, wieder hochzuziehen?

Ich habe ja bereits darauf hingewiesen, dass beziehungsorientierte Verhandlungen genutzt werden können, um strategische Versprechungen zu machen, die dann erst in der Zukunft umgesetzt werden. Bei dieser auf die Beziehung fokussierten Verhandlungsweise muss der Ausgleich allerdings direkt erfolgen. Versprechungen für ein Entgegenkommen in der Zukunft sind hier nicht gültig. Fragen Sie etwa nach direktem Entgegenkommen, indem Sie sagen: »Okay, ich verstehe, Sie wollen vier Prozent Nachlass. Welche Vorschläge haben Sie, um diesen Nachlass nichtmonetär auszugleichen?« Bleiben wir beim Bild des Bergsteigers. Wenn man Sie nicht gleich vom Abgrund hochzieht, drohen Sie abzustürzen. Im vertrieblichen Kontext heißt das etwa: Die Kundin könnte auf Ihre Frage nach dem Entgegenkommen vertraglich garantieren, dass Sie ihr Unternehmen zukünftig als Kundenreferenz für Ihr Produkt vorstellen dürfen, was Ihnen in der Demonstrationsphase sehr helfen kann. Es könnte auch die Laufzeit des Rahmenvertrages verlängert werden, oder die Kundin verpflichtet sich zu einer Case Study, mit der Sie wiederum bei zukünftigen Kunden punkten können und so weiter.

Im Grunde sind dies alles Inhalte, die wir gegen einen Preisnachlass auch selbst vorschlagen oder einfordern könnten. Es ist allerdings effektiver, den Kunden selbst kreativ werden zu lassen und selbst auf die Suche nach Lösungen zu schicken, bevor wir unsererseits Vorschläge machen. Schließlich handelt es sich hier sozusagen auch um eine Prüfung unserer Beziehung. Im schlechtesten Falle müssen und können wir uns selbstverständlich selbst wieder aus dem Abgrund emporziehen. Das bringt uns dann allerdings zu der Erkenntnis, dass wir im vorliegenden Fall keinen Preisnachlass geben können, wenn nicht auch die potenzielle Kundin für eine nichtmonetäre Gegenleistung sorgt. Unser bergsteigerisches Vertrauen in unseren Seilpartner ist nun etwas erschüttert. Das ist aber nicht besonders misslich, denn wenn wir mit der Technik des Ledge scheitern, fallen wir nicht – wie beim Bergsteigen – in den Abgrund, sondern lediglich wieder zurück in die Technik des Edge.

Strecken erlaubt: Die Stretch-Technik

In den allermeisten Fällen sind Aussagen wie »Das gibt unser Budget nicht her, Sie müssen etwas am Preis machen« ein bloßer Vorwand. In einem Unternehmen ist Budget keine Frage des Habens, sondern eine Frage der Beschaffung. Anders ausgedrückt: Nicht wir als Verkäufer müssen etwas am Preis machen, sondern die Kundenfirma am Budget. Unternehmen haben nie ausreichend Budget, außer Verkäufer haben Glück und kontaktieren das Unternehmen in der Phase der Budgetplanung fürs nächste Jahr. Das wäre allerdings ein großer Zufall und kann nicht der Standard für unsere Geschäftsbeziehungen sein. Wir können es also als Normalzustand betrachten, dass unsere potenziellen Kunden kein Budget haben. Deshalb verhandeln wir nur mit Kunden, die bereit sind, ein Budget zu beschaffen.

Bei der Technik des Strech geht es darum, finanzielle Möglichkeiten zu schaffen, um eine Lösung zu ermöglichen und den Kunden bei der Budgetbeschaffung zu unterstützen. Wir strecken uns und ermöglichen es dem Kunden, sich ebenfalls zu strecken. Ein für beide Seiten akzeptabler Kompromiss ist es, dass wir einerseits unseren Gesamtpreis schützen, andererseits aber das Zahlungsziel für den Kunden in die Zukunft verschieben. Es besteht immer die Möglichkeit, eine eigene Finanzierung (mit oder ohne Zins) anzubieten oder mit einem Kreditinstitut zu kooperieren. Eine weitere Möglichkeit ist es, Nachkasse zu verlangen, die durch eine Ausfallbürgschaft abgesichert ist, oder einen Factoring-Dienstleister einzubinden, der vorfinanziert. All diese Optionen ermöglichen es Ihnen, Ihren Preis zu schützen und diesen durch die zusätzliche Leistung sogar noch zu erhöhen.

Die Technik des Stretch verbindet die Verhandlungsparteien wieder auf flexible Art und Weise, indem sie Vorteile für beide Seiten schafft. Sie erhöht eventuell sogar den Preis für die Verkäuferseite und streckt die Zahlungsmodalitäten zum Ausgleich für die Käuferseite auf die gesamte Laufzeit der zu erbringenden Leistung. So wird es der Käuferseite möglich, preisliche Hürden zu nehmen, und im besten Falle werden ihr sogar Mehrverkäufe attraktiv gemacht. Der Kunde kann durch diese Erweiterung der Möglichkeiten kreativ werden, die Bezahlung der Lösung möglicherweise auf verschiedene Etats verteilen oder gar ein zusätzliches Jahres- oder Quartalsbudget einplanen.

Ein Stretch, den ich häufig empfehle, ist der sogenannte Formelkompromiss. Hierbei kommen beide Verhandlungsparteien überein, dass die Lösung als Gesamtpaket nicht in vollem Umfang sofort annehmbar oder umsetzbar ist. Man teilt daher das Angebot in kleinere, konsekutiv aufeinander aufbauende Schritte, die jeweils in direktem Zusammenhang stehen. Der Kunde muss dabei wissen, dass sich die gesamte Lösung als Ganzes erst durch die Kombinationen aller Teilschritte zusammensetzt, bekommt aber so die Möglichkeit, seine Budgets besser auf das Jahr zu verteilen. Unterstützen Sie bei einem Stretch also Ihren Kunden bei der Beschaffung der finanziellen Mittel. Bringen Sie den Faktor Zeit in die Verhandlung ein. Ermöglichen Sie dem Kunden eine spätere Zahlung durch die Einbindung von Finanzdienstleistern. So müssen Sie trotz Verschiebung des Zahlungsziels nicht auf Ihr Geld warten.

6.5 Immer in Bewegung bleiben

Die Verhandlungen sind gut gelaufen, Sie haben sich mit Ihrer zukünftigen Kundin geeinigt. Vertragliche Details wurden festgelegt. Der Umfang der Dienstleistung oder die Zusammensetzung des Produkts stehen ebenfalls fest. Sie konnten Ihren Preis schützen und mussten keinen Nachlass geben oder Sie haben Ihren Wert geschützt und für den Preisnachlass einen Gegenwert bekommen, der Ihnen und Ihrem Unternehmen in Zukunft nützen wird.

Herzlichen Glückwunsch!

Damit sind Sie am vorläufigen Ende des Vertriebsprozesses mit diesem Kunden angekommen und es bleibt Ihnen lediglich noch, einen letzten Next-Action-Step zu vereinbaren, um die Vertragsunterzeichnung durchzuführen. Eventuell fällt sogar dieser Schritt weg und Sie können den Vertrags- und Verkaufsabschluss noch an Ort und Stelle durchführen.

Vielleicht fragen Sie sich, wo nun meine Empfehlungen zu Abschluss- und Closing-Techniken bleiben oder warum es kein eigenes Kapitel zum Thema Closing gibt. Die Antwort ist einfach: Wir haben uns die ganze Zeit schon auf diesen Punkt zubewegt. Unser gesamter Prozess ist auf diesen Moment ausgerichtet. Vor allem die Phase »Move« mit ihren Verhandlungsprinzipien und -techniken hat den Abschluss derart vorbereitet, dass er nun nichts weniger als die logische Konsequenz unseres gesamten bisherigen Handelns darstellt. Seit wir uns im Move befinden, bewegen wir uns Schritt für Schritt auf das Closing zu, und es braucht nun keine weitere Anstrengung mehr, um es herbeizuführen.

Sie haben es geschafft!

Vorwärts!

Sie haben es schon geahnt, es kommt noch etwas. Es würde keinen Schritt namens Move im Vertriebsprozess geben, wenn wir nach dem Vertragsabschluss oder der Auftragserteilung einfach stehen bleiben wollten. Natürlich bewegen wir uns weiter. Denn, um eine alte Fußballweisheit zu bemühen, nach dem Spiel ist vor dem Spiel – oder übertragen auf den Vertrieb: nach dem Verkauf ist vor dem Verkauf.

In vielen Prozessbeschreibungen für den Vertrieb beginnt die offizielle Zusammenarbeit zwischen dem Unternehmen des Verkäufers und dem der Kundin nach dem Vertragsabschluss, nach dem Closing. Für mich stellt es sich jedoch so dar, dass wir die Zusammenarbeit mit unserer Kundin oder unserem Kunden bereits während unseres Vertriebsprozesses etabliert und realisiert haben. Zwar haben wir unsere Geschäftspartnerin oder unseren Geschäftspartner aus Gründen der Klarheit in den einzelnen Phasen mit verschiedenen Begriffen bedacht: Lead, Ansprechpartner, Interessentin, potenzielle Kundin, Käufer. Doch genau genommen arbeiten wir längst mehr als nur geschäftlich zusammen: Wir haben uns gegenseitig kennengelernt, wissen um die jeweiligen Bedürfnisse, Probleme und Interessen und haben uns auf Verhaltensweisen geeinigt, die zum beiderseitigen Nutzen beitragen und die unsere Beziehung gefestigt und uns für eine gemeinsame Zukunft qualifiziert haben.

So wie das Closing also die logische Konsequenz aus dem Prozess, vor allem aus seinen letzten Schritten ist, ist die Qualität unserer Kundenbeziehung ebenfalls die Folge aus unserem bisherigen Verhalten. Diese Beziehung gilt es nun zu gestalten. Es ist recht einfach zu berechnen, was von beidem höhere Investitionen an personellen Ressourcen, Zeit und Geld benötigt und welche die betriebswirtschaftlich günstigere Alternative ist: Neukundengewinnung oder Bestandskundenpflege. Das Ergebnis liegt allerdings so nahe, dass wir uns die Berechnung auch sparen können: Wir können die Beziehungen zu bestehenden Kunden nicht wertvoll genug einschätzen.

Statt den Prozess der T.E.A.M.-Methode im Großen also mit neuen Leads, Interessenten und so weiter durchzuführen, können wir ihn ebenso gut im Kleinen auf bestehende Kunden anwenden. Sie erinnern sich, der Prozess ist skalierbar und selbstähnlich – auf diese Weise haben wir ihn in der Bedarfsanalyse bereits in kleinem Maßstab angewendet (siehe Kapitel 4.5, »Wie Sie die T.E.A.M.-Methode in der Bedarfsanalyse einsetzen«). Das können wir nun ebenfalls tun, indem wir uns an den maßgeblichen Prinzipien der einzelnen Schritte orientieren und diese auf Situationen mit Bestandskunden anwenden. Wir bleiben also mit unseren Kunden in Kontakt, rufen diese aber nicht nur an, um zu fragen, wie es ihnen geht, oder den Nutzen unserer bereits an sie verkauften Leistungen zu evaluieren. Wir verstoßen gegen keinerlei Benimmregeln, wenn wir unser Interesse, ihnen weitere Leistungen oder Produkte zu verkaufen, durchaus ehrlich kommunizieren. Verwechseln wir also eine geschäftliche Beziehung nicht mit einer privaten. Wir kontaktieren unsere Kunden nicht, um uns nach ihrem Befinden zu erkundigen. Auch wenn die zwischenmenschliche Etikette das gebietet, ist es doch nicht der Hauptgrund unserer Kommunikation. Und so sollten wir es auch nicht vorgeben. Wir rufen also nicht aus vorgeblich anderen Gründen an, um dann ganz beiläufig ein Angebot zu unterbreiten. Wir rufen an, weil der Hauptgrund unserer Kontaktaufnahme genau das ist: ein Angebot zu unterbreiten. Wir wollen schließlich etwas verkaufen. Das Angenehme dabei ist nun, dass Ihre Kundin inzwischen etwas Wichtiges gelernt hat: Durch ihren Einkauf bei Ihnen löst sie ihre Probleme.

Vor der erneuten Kontaktaufnahme bereiten wir diesen Schritt natürlich der T.E.A.M.-Methode gemäß vor. Ich werde Ihnen hier nur noch kurze Hinweise geben, da Sie die Methode ja mittlerweile kennen:

Target: Prüfen Sie nach einiger Zeit, ob das Kundenunternehmen noch zu Ihnen und Ihren Leistungen oder Produkten passt. Erinnern Sie sich hierfür an das Stichwort »Kontext« aus der Vorbereitung der Verhandlung (siehe Seite 186). Die Situation eines Unternehmens kann sich rasch ändern, was eine Anpassung Ihrerseits nötig machen kann.

Explore: Prüfen Sie, welche Ihrer Leistungen oder Produkte zum vorliegenden Zeitpunkt zu Situation und Kontext des Unternehmens passen. Wenn Sie dem Kunden den Vorschlag für eine neue Leistung unterbreiten, führen Sie gegebenenfalls erneut eine Bedarfsanalyse durch.

Anticipate: Haben Sie die beiden ersten Schritte erfolgreich absolviert, unterbreiten Sie ein Angebot (siehe Seite 166).

Move: Verhandeln Sie das neue Angebot und schließen Sie den Prozess ab. Gehen Sie zurück zu Schritt eins und beginnen Sie erneut.

Für den Verkauf an bestehende Kunden gibt es bekannte Konzepte, von denen Sie sicher schon einmal gehört haben. Die Stichworte hierzu sind »Cross Selling«, »Upselling« und »Deep Selling«. Je nachdem, in welcher Branche Sie arbeiten und ob Sie haptische Produkte oder Dienstleistungen anbieten, wird das eine oder das andere Vorgehen sich besser für Sie eignen. Auch ohne hier weiter ins Detail zu gehen, werden Sie sich sicher vorstellen können, welche Ihrer Leistungen oder welches Ihrer Produkte sich für solche weiterführenden Verkäufe eignet.

Lassen Sie mich zum Schluss daran erinnern, was wir über Nachhaltigkeit im Vertrieb gesagt haben: Nachhaltiges Verkaufen bedeutet, dass Ihre Verkaufsaktivitäten langfristig orientiert und auf eine lang anhaltende, durch gegenseitiges Vertrauen geprägte Kundenbeziehung abzielen müssen. Wie schon gesagt, wird es für jedes Unternehmen immer auch nötig sein, zusätzlich neue Kunden zu gewinnen. Die Pflege von bestehenden Kundenbeziehungen sollte aber dennoch immer im Mittelpunkt stehen. Und diese Pflege realisiert man am besten durch den Verkauf weiterer bedarfs- und situationsgerechter Leistungen oder Produkte, durch die dem Kundenunternehmen ein wirklicher Mehrwert entsteht und durch die es sich weiterentwickeln kann. Wenn Sie mit dieser Haltung Kundenbeziehungen pflegen, dann bedeutet Verkaufen Verändern. Sie und die Produkte Ihres Unternehmens helfen, den Kunden erfolgreicher zu machen.

Mit nachhaltiger Pflege von Kundenbeziehungen verhält es sich wie mit der ökologischen Nachhaltigkeit in der Forstwirtschaft: Statt immer neue Bäume zu pflanzen, wissen Sie, dass ein Wald nicht nur aus Bäumen besteht. Er besteht aus den komplexen, gewachsenen Beziehungen der Bäume und aller anderen Lebewesen des Waldes untereinander. Durch Ihre gesunden Produkte und Leistungen und Ihren wertschöpfenden Verkauf wächst der Erfolg Ihres Kunden. Und die Zufriedenheit und die Empfehlungen Ihrer Geschäftspartner lassen Sie wachsen – und damit werden immer mehr Kunden den Weg zu Ihnen finden, damit Sie sie erfolgreicher machen.

Lassen Sie uns also zu guter Letzt festhalten: Ein Wald ist mehr als die Summe seiner Bäume. Und guter Vertrieb ist mehr als die Summe seiner Verkäufe.

Anhang

Literaturverzeichnis

David Allen (2015): Getting Things Done: The Art of Stress-Free Productivity. Penguin Books.

René Borbonus (2011): Respekt!: Wie Sie Ansehen bei Freund und Feind gewinnen. Econ.

Robert B. Cialdini (2017): Die Psychologie des Überzeugens: Wie Sie sich selbst und Ihren Mitmenschen auf die Schliche kommen. Hogrefe.

James Clear (2019): Atomic Habits: An Easy & Proven Way to Build Good Habits & Break Bad Ones. Avery.

Jim Collins (2001): Good To Great. Penguin Random House UK.

Geoffrey Colon (2016): Disruptive Marketing: What Growth Hackers, Data Punks, and Other Hybrid Thinkers Can Teach Us About Navigating the New Normal. Amacom.

Stephen Denning (2018): The Age Of Agile: How Smart Companies Are Transforming the Way Work Gets Done. Amacom.

Matthew Dixon (2011): The Challenger Sale : Taking Control of the Customer Conversation. Portfolio

Richard Fenton, Andrea Waltz (2019): Go for No! Yes is the Destination, No is How You Get There. Accelerated Performance Training.

Roger Fisher, William Ury (2004): Das Harvard-Konzept. Der Klassiker der Verhandlungstechnik. Campus Verlag.

Erica Ariel Fox (2013):Winning From Within: A breakthrough method for leading, living, and lasting chang. HarperCollins Publisher

Malcolm Gladwell (2019): Talking To Strangers: What We Should Know about the People We Don't Know. Penguin Random House UK.

Hans-Georg Häusel, Harald Henzler (2018): Buyer Personas. Wie man seine Zielgruppen erkennt und begeistert. Haufe.

Napoleon Hill (2015): Think and Grow Rich. Quarto Publishing Group.

Ben Horowitz (2014): The Hard Thing About Hard Things: Building a Business When There Are No Easy Answers. Harper Business.

Daniel Kahneman, deutsch von Thorsten Schmidt (2016): Schnelles Denken, langsames Denken. Siedler Verlag.

Josh Kaufmann (2009): The Personal MBA: ... a world-class business education in a single volume. Penguin Business.

W. Chan Kim, Renée Mauborgne (2015): Blue Ocean Strategy: How to Create Uncontested Market Space and Make the Competition Irrelevant.Harvard Business Review Press.

Jake Knapp (2016): Sprint: How to Solve Big Problems and Test New Ideas in Just Five Days. Simon & Schuster.

Jill Konrath (2015): Agile Selling. Get Up to Speed Quickly in Today's Ever-Changing Sales World. Portfolio Penguin.

Mikael Krogerus, Roman Tschäppeler (2008): The Decision Book: Fifty models for strategic thinking. Kein und Aber AG.

Frederic Laloux (2014): Reinventing Organizations: A Guide to Creating Organizations Inspired by the Next Stage in Human Consciousness. Nelson Parker.

Howard Love (2016): The Start-Up J Curve. The Six Steps to Entrepreneurial Success. Greenleaf Book Group LLC.

L. David Marquet (2015): Turn The Ship Around! A True Story of Turning Followers Into Leaders. Penguin.

Geoffrey A. Moore (2014): Crossing the Chasm: Marketing and Selling DisruptiveProducts to Mainstream Customers. Harper Business.

Joe Navarro (2020): Menschen verstehen und lenken: Ein FBI-Agent erklärt, wie man Körpersprache für den persönlichen Erfolg nutzt. mvg Verlag.

Taiichi Ohno, deutsch von Wilfried Hof (2013): Das Toyota-Produktionssystem. FBV.

Daniel H. Pink (2018): When: The Scientific Secrets of Perfect Timing. Riverhead Books.

Daniel H. Pink (2012): To Sell Is Human: The Surprising Truth about moving others. Riverhead Books.

Daniel H. Pink (2009): Drive: The Surprising Truth About What Motivates Us. Riverhead Books.

Neil Rackham (1988): SPIN Selling. Mcgraw-Hill Professional.

Navi Radjou, Jaideep Prabhu, Simone Ahuja (2012): Jugaad Innovation: Think Frugal, Be Flexible, Generate Breakthrough Growth. Jossey-Bass.

Eric Ries (2017): The Lean Startup: How Today's Entrepreneurs Use Continuous Innovation to Create Radically Successful Businesses. Currency.

Brian Robertson, deutsch von Mike Kauschke (2016): Holacracy. Ein revolutionäres Management-System für eine volatile Welt. Vahlen.

Hans Rosling (2018): Factfulness: Wie wir lernen, die Welt so zu sehen, wie sie wirklich ist. Ullstein.

Stephan Schiffman (2013): Cold Calling Techniques. Adams Media.

Friedemann Schulz von Thun (2010): Miteinander reden: 1. Störungen und Klärungen. 2. Stille, Werte und Persönlichkeitsentwicklung. 3. Das »Innere Team« und situationsgerechte Kommunikation. 4. Fragen und Antworten. Rowohlt.

Simon Sinek (2011): Start with Why: How Great Leaders Inspire Everyone to Take Action. Portfolio.

Simon Sinek (2009): Start With Why. Penguin Group.

Art Sobczak (2013): Smart Calling: Eliminate the Fear, Failure and Rejection from Cold Calling. John Wiley & Sons.

Michael Bungay Stanier (2016): The Coaching Habit: Say Less, Ask More & Change the Way You Lead Forever. Box Of Crayons Press.

Barbara Strauch (2018): Soziokratie: Kreisstrukturen als Organisationsprinzip zur Stärkung der Mitverantwortung des Einzelnen. Vahlen.

Jeff Sutherland, J. J. Sutherland (2015): Scrum. The Art of Doing Twice the Work in Half the Time. Random House Business.

Jeff Sutherland (2014): Scrum: The Art of Doing Twice The Work in Half the Time. Penguin Random House LLC.

Peter Thiel (2015): Zero to One: Notes on Start Ups, or How to Build the Future. Virgin Books.

Jeff Thull (2010): Mastering The Complex Sale: How to compete and win when the stakes are high! John Wiley & Sons.

Brian Tracy (2013): Eat that Frog! Get more of the important things done – Today! Hodder Paperbacks.

William Ury (2015): Getting To Yes With Yourself. HarperCollins Publisher.

Chris Voss (2016): Never Split The Difference. Negotiating as if your life depended on it. Penguin Random House.

Harald Welzer (2019): Selbst Denken. Eine Anleitung zum Widerstand. Fischer.

James P. Womack, Daniel T. Jones, Daniel Roos (1992): Die zweite Revolution in der Autoindustrie: Konsequenzen aus der weltweiten Studie des Massachusetts Institute of Technology. Campus Verlag.

Stichwortverzeichnis

U

V

W

163 ½ Impulse

Sabine Bredemeyer, Bettina Schöbitz
163 1/2 Impulse für wirkungsvolle, lebendige Online-Meetings
Wie du dich und deine Themen in Videokonferenzen überzeugend rüberbringst
1. Auflage 2021

246 Seiten; Broschur; 14,95 Euro
ISBN 978-3-86980-605-1; Art.-Nr.: 1122

Du wünschst dir nützliche Impulse für effektive und lebendige Online-Meetings, die nachhaltig wirken und die gewünschten Ergebnisse erzielen? Für Videokonferenzen, die bewegen, statt zu langweilen? Sollst du haben!

Dieses Buch liefert dir 163 ½ erprobte Impulse und Tools für alle Arten von Online-Veranstaltung: Webinar, Business- und Team-Meeting, Online-Workshop und mehr. Du erhältst pures Praxiswissen von zwei erfahrenen Online-Profis mit Herz, Hirn und Humor. Dabei entscheidest du selbst, welche Impulse du umsetzt und welche Tools du nutzt – für gelingende Kommunikation vor dem Bildschirm. Mit nützlichen Checklisten, amüsanten Geschichten und einer klaren Struktur – zum Wegsnacken ganz nebenbei.

Dieses Buch vermittelt dir, welche Technik dich budgetfreundlich zum Ziel bringt. Du erfährst, was dich als Persönlichkeit vor der Webcam richtig professionell wirken lässt und wie deine Moderation und Präsentation zum Highlight werden. Wir geben Tipps dafür, bei was du dir online Unterstützung holen solltest. Du verstehst, wie du Rahmenbedingungen schaffst, die Online-Meetings für alle erleichtern, und wie du mit gezielter Interaktion und Aktivierung online noch erfolgreicher wirst.

www.BusinessVillage.de